図解入門
How-nual
Visual Guide Book

よくわかる最新
エネルギー変換の基本と仕組み

変換の基礎から発電方法、利用まで

山﨑 耕造 著

秀和システム

●注意

(1) 本書は著者が独自に調査した結果を出版したものです。

(2) 本書は内容について万全を期して作成いたしましたが、万一、ご不審な点や誤り、記載漏れなどお気付きの点がありましたら、出版元まで書面にてご連絡ください。

(3) 本書の内容に関して運用した結果の影響については、上記(2)項にかかわらず責任を負いかねます。あらかじめご了承ください。

(4) 本書の全部または一部について、出版元から文書による承諾を得ずに複製することは禁じられています。

(5) 商標

本書に記載されている会社名、商品名などは一般に各社の商標または登録商標です。

PREFACE

はじめに

高効率で環境にやさしいエネルギー利用

　現代社会では大量のエネルギーが消費され、さまざまな環境問題も提起されてきています。実際にはエネルギー量は保存されているので、「エネルギーを利用する」ということは、より使いやすい形態に「エネルギーを変換する」ことに相当します。変換の過程でエネルギーの一部が利用困難な熱エネルギーに変わったり、地球温暖化を引き起こす二酸化炭素が排出されたりするので、より効率的でクリーンなエネルギー変換技術が必要となります。

　化石エネルギー利用による電力生成と水素製造での高効率化・クリーン化は非常に重要です。再生可能エネルギーや大規模な自然エネルギーは、エネルギー変換することで使いやすいクリーンなエネルギー源となります。将来を見据えての核エネルギーの利用も重要です。微小ですが身近なエネルギー利用としての環境発電（エネルギーハーベスト）も注目されています。

　本書では、エネルギーを幅広くとらえ、環境にやさしく、高効率、資源量大、扱いやすさ、などの面から、最近のエネルギー源やエネルギー変換を分類・解説し、エネルギー変換と環境の未来展望を考えます。

　本書の内容は、エネルギーに興味をもつ大学生やビジネスマン向けですが、高校生にも楽しんでもらえます。エネルギー変換とはなにかの基礎編、エネルギー形態ごとの現状編、そして、宇宙の遠未来をも含めた未来編として、項目ごとに説明と図との両開き2ページの構成としています。各章末には、「映画の中のエネルギー」として関連のコラムを記載して読者の興味を喚起しました。

　本書が、エネルギーを中心に、幅広い科学に興味をもってもらう契機となれば幸いです。

2025年　正月吉日

山﨑　耕造

図解入門 How-nual

よくわかる

最新 **エネルギー変換**の基本と仕組み

CONTENTS

はじめに …………………………………………………………………… 3

＜基礎編＞

第1章 エネルギーの基礎

1-1 エネルギーの歴史………………………………………………… 10
1-2 エネルギーの基礎………………………………………………… 12
1-3 エネルギーの分類………………………………………………… 14
1-4 再生可能エネルギー……………………………………………… 16
1-5 1次エネルギーと2次エネルギー……………………………… 18
1-6 大規模エネルギーと身近な微小エネルギー ………………… 20
1-7 エネルギーの変換………………………………………………… 22
1-8 エネルギーの表式と単位 ……………………………………… 24

第2章 エネルギー利用と環境問題

2-1 エネルギーと環境問題…………………………………………… 28
2-2 エネルギー保存とエクセルギー損失………………………… 30
2-3 エンタルピーとエントロピー………………………………… 32
2-4 エネルギー源の環境アセスメント…………………………… 34
2-5 CO_2解析と環境アセスメント………………………………… 36
2-6 カーボンニュートラルの方策………………………………… 38
2-7 カーボンネガティブの技術…………………………………… 40

CONTENTS

＜現状編＞

第3章 力学エネルギーの利用と変換

3-1 力学エネルギーの歴史 ……………………………………… 44
3-2 力学エネルギーの基礎 ……………………………………… 46
3-3 力学エネルギーの利用と貯蔵 ……………………………… 48
3-4 発電機の原理（力学から電気へ） ………………………… 50
3-5 水力発電の仕組み（流水運動から電気へ） ……………… 52
3-6 風力発電の仕組み（気体運動から電気へ） ……………… 54
3-7 潮汐、波力、海流発電の仕組み（海水運動から電気へ） ……… 56
3-8 身近な力学エネルギーの利用（力学環境発電） ………… 58

第4章 熱エネルギーの利用と変換

4-1 熱エネルギーの歴史 ………………………………………… 62
4-2 熱エネルギーの正体 ………………………………………… 64
4-3 熱エネルギーの利用と蓄熱 ………………………………… 66
4-4 熱機関の原理（熱から運動へ） …………………………… 68
4-5 熱発電の原理（熱から直接電気へ） ……………………… 70
4-6 熱化学反応の原理（熱から化学へ） ……………………… 72
4-7 太陽熱発電の仕組み（熱利用の発電例1） ……………… 74
4-8 地熱発電の仕組み（熱利用の発電例2） ………………… 76
4-9 冷暖房システムの仕組み（ヒートポンプ） …………… 78
4-10 身近な熱エネルギーの利用（熱環境発電） …………… 80

第5章 電気エネルギーの利用と変換

5-1 電気エネルギーの歴史 ……………………………………… 84
5-2 電気エネルギーの基礎 ……………………………………… 86
5-3 電気エネルギーの利用と蓄電 ……………………………… 88
5-4 さまざまな発電方式と電池 ………………………………… 90
5-5 電気モータの仕組み（電気から回転運動へ） …………… 92
5-6 リニアモータの仕組み（電気から直線運動へ） ………… 94
5-7 電熱器とIH調理器の仕組み（電気から熱へ） ………… 96
5-8 白熱電球とLED照明の仕組み（電気から光へ） ……… 98
5-9 スピーカーの仕組み（電気から振動・音へ） ………… 100

5

5-10	電磁推進の仕組み（電気から運動へ）………………	102
5-11	通信、情報のエネルギー（電気から情報へ）………	104
5-12	電気自動車と環境保全 ………………………………	106

第6章　光エネルギーの利用と変換

6-1	光エネルギーの歴史…………………………………	110
6-2	光エネルギーの基礎…………………………………	112
6-3	光エネルギーの利用と蓄光…………………………	114
6-4	太陽エネルギーの源…………………………………	116
6-5	太陽電池の仕組み（光から電気へ）………………	118
6-6	太陽光発電の仕組み（光から電気システムへ）…………	120
6-7	光合成と代謝の仕組み（光から化学へ）…………	122
6-8	身近な光エネルギー利用（光環境発電）…………	124
6-9	未来の光エネルギー技術……………………………	126

第7章　化学エネルギーの利用と変換

7-1	化学反応エネルギーの基本 …………………………	130
7-2	化学エネルギーの利用と貯蔵………………………	132
7-3	燃焼による光と熱の発生（化学から光と熱へ）…	134
7-4	燃料電池の仕組み（化学から電気へ）……………	136
7-5	火力エンジンの仕組み（化学から運動と熱へ）…	138
7-6	火力発電の仕組み（化学から熱・力学そして電気へ）…	140

第8章　生体エネルギーの利用と変換

8-1	生体エネルギーの基本………………………………	144
8-2	生体エネルギーの利用と貯蔵………………………	146
8-3	神経と筋肉エネルギー………………………………	148
8-4	バイオマス発電の仕組み（バイオから熱・運動そして電気へ）	150
8-5	身近な生体エネルギー利用（生体環境発電）………	152
8-6	未来の生体エネルギー利用（人工臓器とサイボーグ）………	154

CONTENTS

第9章 核エネルギーの利用と変換

9-1 核エネルギーの歴史 …………………………………………… 158
9-2 核エネルギーの原理 …………………………………………… 160
9-3 核エネルギーの利用と蓄エネルギー ……………………… 162
9-4 核燃料の資源の増殖 …………………………………………… 164
9-5 核反応生成物の利用 (核から粒子運動、電磁波へ) ………… 166
9-6 直接変換による核エネルギー利用 (核から直接電気へ) …… 168
9-7 放射線のいろいろな利用 ……………………………………… 170
9-8 原子力発電の仕組み (核から熱・力学そして電気へ) ……… 172
9-9 未来の核エネルギー (核融合) ……………………………… 174

＜未来編＞

第10章 エネルギーの未来展望

10-1 地球・宇宙環境とエネルギーの未来 (核融合と宇宙太陽光) 178
10-2 未来の宇宙ロケット (ソーラーと対消滅) ………………… 180
10-3 エネルギーからの物質生成 (宇宙の誕生) ………………… 182
10-4 未知の宇宙エネルギーと宇宙の膨張 (宇宙の未来) ……… 184

索引 ……………………………………………………………… 187
参考文献 ………………………………………………………… 191

COLUMN

映画の中のエネルギー

コラム1　海底、地中、そして宇宙へ？
　　　　ー映画『月世界旅行』(1902年) ー ‥‥‥‥‥‥‥‥26

コラム2　逆ガル翼飛行機とは？
　　　　ーアニメ映画『風立ちぬ』(2013年) ー ‥‥‥‥‥42

コラム3　小惑星が地球に衝突する？
　　　　ー映画『アルマゲドン』(1998年) ー ‥‥‥‥‥‥60

コラム4　諸葛孔明が天灯を発明？
　　　　ー映画『レッドクリフ PartⅡ 未来への最終決戦』(2009年)ー
　　　　‥‥‥‥‥‥‥‥‥‥‥‥‥‥‥‥‥‥‥‥‥‥‥82

コラム5　電気が人間を蘇らせる？
　　　　ーSF映画『フランケンシュタイン』(1910年、1931年) ー
　　　　‥‥‥‥‥‥‥‥‥‥‥‥‥‥‥‥‥‥‥‥‥‥108

コラム6　光の圧力が宇宙船を動かす？
　　　　ーアニメ映画『トレジャー・プラネット』(2002年) ー
　　　　‥‥‥‥‥‥‥‥‥‥‥‥‥‥‥‥‥‥‥‥‥‥128

コラム7　紙は何度で燃えだす？
　　　　ー映画『華氏451』(1966年) ー ‥‥‥‥‥‥‥142

コラム8　生命体は転送できる？
　　　　ー映画『スタートレック』(2009年) ー ‥‥‥‥156

コラム9　核融合で宇宙を飛び回る？
　　　　ー映画『2001年宇宙の旅』(1968年) ー ‥‥‥‥176

コラム10　タイムマシンで未来を見る？
　　　　ー映画『タイムマシン』(1959年、2002年) ー ‥‥186

第1章

<基礎編>

エネルギーの基礎

エネルギーとはなんでしょうか？ エネルギーを変換するとはどうすることでしょうか？ 本章では、最初にエネルギー概念の歴史をたどり、エネルギーの保存、エネルギーの分類やエネルギーの変換について述べます。最後に、エネルギーの表式や単位をまとめて説明します。

1-1 　　　　　　　　　　　　　　　　　　　　　　　　　　　　　　　　　　　　＜基礎編＞

エネルギーの歴史

私たちは、日常生活でいろいろなエネルギーを利用しています。「エネルギーを
節約する」などといいますが、そもそも、「エネルギー」とはなんでしょうか？
歴史的にどのように考えられてきたのでしょうか？

▶▶ エネルギーの語源

　　エネルギーの英語の綴りはenergyであり、発音は「エナジー」が近いですが、日
本ではドイツ語のEnergieをベースに「**エネルギー**」と呼ばれてきました。エネル
ギーという言葉は、「仕事をすることのできる能力」として定義されますが、アリス
トテレスの自然哲学でのエネルゲイア（実現態）という言葉にちなんでヤングによ
り命名され、ランキンにより流布されてきました（**上図**）。**仕事**（Work）とは日常会
話での労働の意味ではなく、物質に力Fが加わり動いた距離（変位）xを用いてFx
として定義される物理量（数字と物理単位で表される量）です。

　　一般的に「エネルギーを補給する」や「エネルギーを節約する」「エネルギーがな
くなった」などといいますが、科学的にはエネルギー量は増えたり減ったりはしま
せん。これらの例では、「エネルギー資源を補給する」「使いやすい有効なエネルギー
（**エクセルギー、2-2節**）を節約する」の意味での言葉です。

▶▶ エネルギー保存則の歴史

　　歴史的には、速度、運動量、力、仕事などの物理量の変化が議論されてきました。
アリストテレスの運動論では、地界で矢が飛び続けるのは空気が矢の後ろを押し続
ける力によるとされてきましたが、ガリレオ・ガリレイにより力が加わらなくても
動き続ける慣性力が明らかにされ、天界の円運動はケプラーの3法則としてまとめ
られました。これらは、ニュートンの力学の3法則と万有引力の法則として体系化
されました。熱に関しては、ワットの蒸気機関を踏まえて、力学的な仕事（エネル
ギー）に熱による仕事を加えてのエネルギーの保存がジュールにより実証されてき
ました。現在では、ギブズの化学エネルギーや、マクスウェルの電気・磁気のエネ
ルギー、さらに、アインシュタインの質量エネルギーを含めての**エネルギー保存則**
が定式化されてきました（**下図**）。

1-1 エネルギーの歴史

エネルギーの命名と語源

エネルギーの語源 （紀元前4世紀）

アリストテレスの哲学
　質料と形相
　　デュミナス（可能態）からエネルゲイヤ（実現態）へ

エネルギーの命名 （1807年）

トマス・ヤング（英国の物理学者）
　　エネルギー ＝ 仕事をすることのできる能力

エネルギー保存則の発展

力学エネルギーの保存（ニュートン）
　慣性系での運動量保存
　加速度系でのエネルギー保存
　慣性質量と重力質量

熱エネルギーを含めて保存（ジュール）
　エネルギー保存
　エントロピー増大
　絶対温度の定義

化学エネルギーを含めて保存（ヘス）
　燃焼エンタルピー

電気エネルギーを含めて保存（マクスウェル）
　電磁エネルギー、電磁波・光エネルギー

質量を含めて保存（アインシュタイン）
　静止質量、相対論的エネルギー

1-2 ＜基礎編＞

エネルギーの基礎

物理学では、「質量」「空間」「時間」を基本概念として「力」が定義され、力とその方向に動いた距離で物理学での「仕事」が定義されます。この仕事がエネルギーであり、力学的エネルギーに相当します。

▶▶ 物理の基本概念とエネルギー

物には「質量」があります。物が運動せずに止まっているとは、「時間」が流れても「空間」の位置が変化せずに一定であることです。この「質量」「空間」「時間」「電流」が物理学での基本的な概念であり、**基本単位**としてそれぞれkg、m、s、Aが用いられます（**上図**）。

空間の距離を経過した時間で割った値が「速度」であり、質量と速度の積が「運動量」です。速度の時間的変化率が「加速度」であり、質量と加速度の積が「力（Force）」として定義できます。速度を変化させるには力が必要であり、力の大きさと力の方向に動いた距離との積が、物理学での「仕事（Work）」です。これらの量の単位は、基本単位の組み合わせとして導かれる単位であり、**誘導単位**と呼ばれ、日常会話で使う言葉の仕事の意味とは区別されます。

▶▶ 仕事（力学的エネルギー）の例

物体を吊り上げる場合を考えてみましょう（**下図**）。物体の質量 m [kg] には重力加速度 g [m/s²] が加わり、重力として mg [kg・m/s²] が働きます。物体が床に置かれて静止している場合には、重力 mg と床からの抗力 N との力の釣り合いがなされています。これを持ち上げるには重力に相当する力 F が必要ですが、高さゼロから h [m] まで吊り上げた場合には、力とその方向に動いた距離との積 Fh [kg・m²/s²] が仕事とし定義されます。物理量（数字と物理単位で記載）はイタリック体の記号で表されますが、力の物理量記号として F が使われ、仕事の物理量記号として W が用いられます。この仕事の定義が、力学的な運動における「エネルギー（Energy）」に相当します。

力学的な運動のほかに、蒸気機関での熱による状態の変化も「仕事」として定義することができます。この変化させる能力は「エネルギー」として定義されます。

1-2 エネルギーの基礎

物理量の単位

基本単位	誘導単位（組立単位）

時間(s)

空間(m)

質量(kg)

電流(A)
電荷の流れ

速度 (m/s)　　＝空間変位 (m) / 経過時間 (s)
加速度 (m/s^2)＝速度の差 (m/s) / 経過時間 (s)

力 (N)　＝質量 (kg) × 加速度 (m/s^2)
仕事 (J) ＝力 (N) × 空間距離 (m)

仕事率 (W) ＝仕事 (J) / 経過時間 (s)

電荷 (C) ＝電流 (A) × 経過時間 (s)
電圧 (V) ＝仕事率 (W) / 電流 (A)

s：秒
m：メートル
kg：キログラム
A：アンペア

N：ニュートン（＝kg・m/s^2）
J：ジュール（＝kg・m^2/s^2）
W：ワット（＝kg・m^2/s^3）
C：クーロン（＝s・A）
V：ボルト（＝kg・m^2/s^3/A）

仕事（力学的エネルギー）の定義

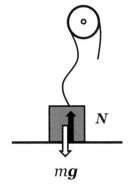

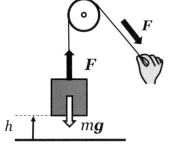

力　$F[\text{N}] = mg$
仕事　$W[\text{J}] = mgh$

吊り上げるには、力と仕事が必要

1-3 <基礎編>

エネルギーの分類

エネルギーはエネルギー形態やエネルギー資源から分類することができます。
宇宙の4つの力の源とも関連して分類することもできます。そのほか、利用形態
や規模などのさまざまな分類が可能です。

▶▶ エネルギーの物理形態とエネルギー資源

　私たちの身の回りにはさまざまなエネルギーが満ちています（**上表**）。エネルギー
の物理形態から分類すると、**力学（機械）エネルギー**（位置エネルギーと運動エネ
ルギー）、**熱エネルギー**、**化学エネルギー**（生体エネルギーを含む）、**電気エネル
ギー**（磁気エネルギー、電磁エネルギーを含む）、**光エネルギー**（電気エネルギーの
一部）、**核エネルギー**などがあります。これらは相互に変換が可能です。

　エネルギーは、自然から直接得られる**1次エネルギー**と、それを使いやすい形に
変換した**2次エネルギー**とに利用形態から分類できます。1次エネルギーとしての
自然資源は、化石エネルギー資源、自然エネルギー資源、核エネルギー資源があり
ます。エネルギー源の枯渇の心配がいらない**再生可能エネルギー**（自然エネル
ギー）や、温室効果ガスの排出の少ない環境にやさしい**脱炭素エネルギー**（自然エ
ネルギー、核エネルギー）か否かも重要な視点です。

▶▶ 宇宙の4つの力

　エネルギーの源は、現代物理学によれば、宇宙の4つの力：**万有引力**、**電磁力**、
強い力、**弱い力**、に起因する作用により生まれたものと考えることができます。化
石エネルギーは植物の光合成や動物の代謝に関連して生成された燃料であり、**電磁
力**により生成されたものですが、地熱と潮力を除くほとんどの自然エネルギーは太
陽の光や熱のエネルギー利用によるものです。これは究極的には太陽内部で起こっ
ている核融合反応としての**強い力**によるものです。地熱はおもに地球内部での放射
性元素の崩壊の**弱い力**を、潮汐発電は**万有引力**を利用しています。原子力発電・核
融合発電には核力としての**強い力**が利用されています。**下表**に、力の源、形態、資源
からの分類の関連を示しています。宇宙の始まりでは、これらの宇宙の4つの力は
分化されず1つだったと考えられています。

1-3 エネルギーの分類

第1章 エネルギーの基礎

エネルギーの分類

力の源からの分類
（重力、電磁力、弱い力、強い力）

エネルギー物理形態からの分類
（力学、熱、電磁、光、化学、生体、核 ほか）

エネルギー資源からの分類
（化石、自然、核燃料 ほか）

その他
持続：再生可能性と枯渇性

利用：1次、2次、最終

範囲：集中と分散

規模：大規模と小規模

エネルギー源と宇宙の4つの力

宇宙の力	エネルギー形態	エネルギー資源
重力 ●↔●	力学エネルギー	潮力、（水力）
電磁力 ⊕↔⊖	化学エネルギー 生体エネルギー	化石燃料 バイオマス
強い力	核エネルギー	核燃料
	（太陽エネルギー）	太陽光、太陽熱、 風力、波力、海洋熱、 （水力、化石燃料、バイオマス）
弱い力	核エネルギー	放射性元素崩壊 地熱

自然エネルギーのほとんどが
太陽エネルギー＝核力（強い力）に起因している

15

1-4 <基礎編>

再生可能エネルギー

エネルギー利用の課題は、① 資源枯渇の危機、② 廃棄物などによる環境破壊、があげられます。前者の課題には再生可能エネルギーを、後者の課題にはクリーンエネルギーを利用することが重要です。

▶▶ 再生可能エネルギーと自然エネルギー

枯渇することなく永続的に利用できるエネルギーを**再生可能エネルギー**と呼ばれます。これは、温室効果ガスを排出しない環境にやさしいエネルギー源としても注目されています。化石エネルギーとしての石炭、石油、天然ガスなどや、核エネルギーとしての核分裂、核融合は、枯渇性（非再生可能）エネルギーですが、一方、太陽、風力、水力、地熱などの**自然エネルギー**は再生可能エネルギーであり、バイオ燃料も一般的に再生可能エネルギーとされています（**上図**）。家畜の排泄物や生活での生ゴミなどの廃棄物を用いた**ゴミ発電**は環境にやさしいエネルギー源として利用されています。廃棄木材としての残材や燃料用の栽培木材（栽培バイオ）では、植栽のサイクルが短期間なので再生可能です。一方、大規模な森林伐採によるバイオ燃料（森林バイオ）は再生可能エネルギーとはみなされず、環境破壊の課題も指摘されています。

▶▶ 持続可能な開発目標

エネルギー資源の枯渇の有無から**再生可能性**が定義されていますが、生命や環境の観点からとらえて社会の持続可能性を論ずるために、2015年に国際連合で17項目の**持続可能な開発目標**が採択され、2030年までの行動計画が提示されました。これがいわゆる**SDGs**（エス・ディー・ジーズ）であり、行動計画において地球上の「誰一人取り残さない（leave no one behind）」ことを宣言しています。具体的には、エネルギーに関しては第7番目の目標を「エネルギーをみんなにそしてクリーンに」とし、気候に関しては第13目標の「気候変動に具体的な対策を」とされています（**下図**）。SDGsに先立って2001年に採択された**MDGs**（ミレニアム開発目標）では発展途上国の課題解決が主でしたが、SDGsでは、先進国の課題も含めて、民間企業や個人をも取り組み主体としています。

1-4 再生可能エネルギー

第1章 エネルギーの基礎

再生可能なエネルギーと枯渇性のエネルギー

再生可能エネルギー

自然エネルギー
　　太陽
　　風力
　　水力
　　地熱
　　海洋
バイオマス（廃棄物を含む）

大規模再エネの課題：
　森林伐採、土地開発により
　土砂崩れ、井戸水枯渇など
　誘発されます

非再生可能（枯渇性）エネルギー

化石エネルギー
　　石炭
　　石油
　　天然ガス

化石エネの課題：
　資源枯渇と二酸化炭素排出

核エネルギー
　　　核分裂
　　　核融合

核エネの課題：
　放射性廃棄物の排出

SDGsの17の目標

5つのP（持続可能な開発）

SDGs：Sustainable Development Goals

人間（People）
目標① 貧困をなくそう
目標② 飢餓をゼロに
目標③ すべての人に健康と福祉を
目標④ 質の高い教育をみんなに
目標⑤ ジェンダー平等を実現しよう
目標⑥ 安全な水とトイレを世界中に

豊かさ（Prosperity）
目標❼ エネルギーをみんなに、そしてクリーンに
目標⑧ 働きがいも 経済成長も
目標⑨ 産業と技術革新の基盤を作ろう
目標⑩ 人や国の不平等をなくそう
目標⑪ 住み続けられるまちづくりを

地球（Planet）
目標⑫ 作る責任、使う責任
目標❸ 気候変動に具体的な対策を
目標⑭ 海の豊かさを守ろう
目標⑮ 陸の豊かさも守ろう

平和（Peace）
目標⑯ 平和と公正をすべての人に

パートナーシップ（Partnership）
目標⑰ パートナーシップで目標を達成しよう

ウエディングケーキモデル

全体　　　　　　⑰
経済圏　　　⑧⑨⑩⑫
社会圏　①②③④⑤❼⑪⑯
生物圏　　⑥　　❸　　⑭　　⑮

17

1-5 ＜基礎編＞

1次エネルギーと2次エネルギー

クリーンなエネルギーとして電気と水素が注目されています。しかし、自然資源
として直接取得するエネルギー（1次エネルギー）と異なり、電気と水素は2次
エネルギーとしてほかの資源から加工してつくる必要があります。

▶▶ 1次エネルギー、2次エネルギーと最終エネルギー

エネルギーの分類にはエネルギー資源からのほかに、利用形態からの分類が可能
であり、**1次エネルギー**、**2次エネルギー**、そして、**最終エネルギー**に区分できま
す。特別な加工をせずに供給される1次エネルギー（化石燃料、核燃料、自然エネル
ギー）から取り扱いやすい2次エネルギー（電気、ガソリン、水素など）に変換して、
さまざまな最終エネルギーとして私たちは利用しています。たとえば、電気利用の
場合には1次エネルギーとしての化石燃料を燃焼させて、2次エネルギーとしての
電気をつくり、この電気を使ってモータにより動力やエアコンなどの機器により、
家庭での照明や調理、運輸や産業機器の最終エネルギーに変換されて利用されます
（**上図**）。情報もエネルギー関連の量と考えることができます。電気・磁気からの電
波が、情報・通信として利用されます。

▶▶ 化石燃料加工品と電気、水素

1次エネルギーとしての化石燃料は、利用しやすいようにさまざまに加工されま
す。固体燃料のコークス、液体燃料のガソリンや灯油、気体燃料の都市ガスやプロ
パンガスなどが**2次エネルギー**です（**下図**）。これらは枯渇性の資源エネルギーの
加工品であり、温室効果ガス排出が課題です。

一方、利用時にクリーンで環境にやさしい2次エネルギーとしては、水素（高圧
での液体水素、気体としての水素ガス）や電気（物質の3態と異なる形態）がありま
す。脱炭素化のためには、これらは自然エネルギーや核燃料エネルギーの1次エネ
ルギーから生成できます。水素利用の発電機器としての燃料電池は、水素と電気を
クリーンで効率よく使うための2次エネルギーといえます。カーボンニュートラル
のためには、二酸化炭素のリサイクル燃料としての合成燃料や、窒素サイクルを活
用してのアンモニア燃料も開発されてきています。

18

1-5 1次エネルギーと2次エネルギー

エネルギー利用の流れ

1次エネルギー
- 化石燃料
  （石炭、石油、天然ガス）
- 自然エネルギー
  （太陽光、風力、水力、地熱、バイオマス）
- 原子力
  （核燃料）

→ 加工 →

2次エネルギー
- 電気
- ガソリン
- 都市ガス
- 水素
  など

→

最終エネルギー
（消費者）

- 家庭
- 運輸
- 産業
  など

1次エネルギーと2次エネルギー

1次エネルギー（自然から直接採取）　　**2次エネルギー（利用しやすく加工）**

化石燃料 ────────→ 化石燃料加工品
- 石炭 - - - - - - →　コークス・練炭など
- 石油 - - - - - - →　ガソリン、灯油、軽油など
- 天然ガス - - - - →　都市ガス、プロパンガスなど

自然エネルギー ──→ 電気、電波
- 太陽光
- 風力
- 水力
- 地熱

核燃料 ──────→ 水素、燃料電池
- 核分裂
- 核融合

その他
- 廃棄物
- バイオマス

二酸化炭素やバイオマスの再生利用による合成燃料や、アンモニア燃料も開発されている

1-6

<基礎編>

大規模エネルギーと
身近な微小エネルギー

現代社会での多量に使う電力量の供給のためには、安価で大規模な系統発電が不可欠です。一方、利用されていない身の回りの微小なエネルギーを活用しての発電（環境発電）も情報化社会で見直されてきています。

▶▶ 系統発電と環境発電

自然エネルギーは、環境にやさしい再生可能エネルギーであり、**持続可能な開発**（**SD**、サステイナブル・デベロップメント）が進められています。「環境」と「開発」とは一般に相反しますが、この2つを調和させようとする技術が、自然エネルギーの系統発電です。一方、身の回りの未利用エネルギーを使った自給自足の微小な発電が**環境発電**（**エネルギーハーベスト**と呼ばれます）です。

集中系統発電、分散局所発電と微小環境発電との比較を**上表**にまとめました。系統発電はキロワット（kW）からメガワット（MW）級の大規模発電ですが、環境発電はマイクロワット（μW）からワット（W）程度の超小規模な発電です。私たちの生活や産業関連では大規模系統発電が不可欠ですが、身近な電源や電池が使えない場合には環境発電が利用されています。

▶▶ 微小な未利用エネルギー活用の環境発電

大規模な自然エネルギー発電として、力学エネルギー利用の風力発電、熱エネルギー利用の地熱発電、光エネルギー利用の太陽光発電などがあります。身近な微小環境発電でも、いろいろなエネルギー源とその変換機器が利用されます（**下図**）。人間の運動としての歩行などの振動の力学エネルギーは圧電（ピエゾ）素子や電磁誘導素子により電気エネルギーに変換されます。音や水の流れも音響素子や羽根車により発電に利用できます。腕時計にも利用されている熱エネルギーは、温度差を利用して熱電素子などにより環境発電を行います。光エネルギーは、屋内での弱い照明でも発電可能な光電池を電卓などで利用します。小型レクテナ（アンテナと整流器の組み合わせ機器）を利用した電波発電も行われます。さらに、生物エネルギー発電では、微生物触媒による燃料電池の開発も進められています。

1-6　大規模エネルギーと身近な微小エネルギー

第1章　エネルギーの基礎

系統発電と環境発電との比較

	集中系統発電	分散局所発電	微小環境発電
発電容量 発電単価 設備費 建設期間	◎大 ◎低 △高 △長	○中 ○中 ○中 ○中	△微小 △高 ◎低 ◎短
例	原子力発電 通常の火力発電 大型水力発電 メガソーラー ――――	―――― コジェネ 小型水力発電 家庭用ソーラー ――――	―――― ―――― 手洗い流水発電 ソーラー腕時計 人間運動発電

環境発電の例

環境発電の種類	エネルギー変換機器	具体的事例
振動発電	圧電（ピエゾ）素子、 電磁誘導素子	歩行床発電、発電靴、 スイッチ発電
水流発電	羽根車	自動水栓
熱電発電 （温度差）	熱電素子	発電鍋、腕時計、 心臓ペースメーカー
光発電 （太陽光、照明）	光電池	電卓、腕時計、無線マウス、 発電ゴミ箱、火山観測装置
電波発電	レクテナ （整流器つきアンテナ）	鉱石ラジオ、 環境温湿度観測
バイオ発電	微生物燃料電池	田んぼ発電、 尿発電

1-7 <基礎編>

エネルギーの変換

エネルギー量は物理学的に保存されるので、エネルギーを生成することや消費することは、エネルギーの形態を変換することに相当します。さまざまな機器により、エネルギー変換が可能となります。

▶▶ エネルギーの利用

通常の化石燃料発電では、化学エネルギーを燃焼により熱エネルギーに変え、熱機関を用いて力学エネルギーに変換して発電機により電気エネルギーをつくります。一般的にエネルギーを利用（生成、消費）することは、エネルギーを変換することに相当します。その際、温室効果ガスとしての二酸化炭素ガスや利用困難な排熱エネルギーが生成されます。核燃料では、長寿命の高レベル放射性廃棄物が排出されます（**上図**）。2次エネルギーとしての電気や水素の場合には、高効率でクリーンな利用が可能です。特に、電気と水素（化学）エネルギーとの相互の変換は、電気分解と燃料電池の反応で容易に可能です。

一方、熱エネルギーの場合、ほかのエネルギーへの変換効率は高くありません。全体としてのエネルギー保存が成り立ちますが、熱エネルギーに関しては不可逆的です。冷たい水と温かい水を混ぜ合わせた場合に平均の温度の水が作られますが、その逆に、冷たい水と温かい水に分離するのは不可能です。これを**エントロピー**（乱雑さ）増大の法則と呼びます。

▶▶ エネルギー形態の相互変換

私たちの身の回りにはさまざまなエネルギーが満ちています。力学エネルギー（位置エネルギーと運動エネルギー）、電気エネルギー（磁気エネルギーを含む）、光エネルギー、熱エネルギー、化学エネルギー（生体エネルギーを含む）、核エネルギーなどがあります。これらは相互に変換が可能です（**下図**）。エネルギーの形態は変化しますが、エネルギー量は不変です。たとえば、力学エネルギーと電気エネルギーとの相互変換は、発電機と電動機で可能ですし、化学エネルギーと電気エネルギーとの変換は、燃料電池と電気分解作用で可能です。また、熱エネルギーと力学エネルギーとの変換は、熱機関とヒートポンプで行われます。

1-7 エネルギーの変換

エネルギーの利用

エネルギー形態A　エネルギー生成　エネルギー形態B
　　　　　　　　エネルギー消費

　　　　　　　（エネルギー変換）

エネルギー生成・消費とは
エネルギー変換のこと

エネルギーの源と相互変換

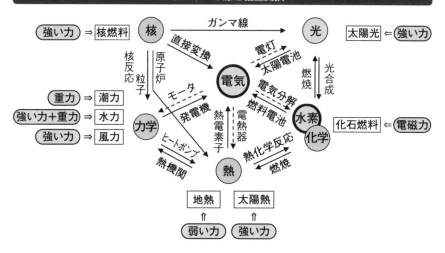

電気は2次エネルギー
として活用（破線の矢印）

○ は重要な2次エネルギー

○：エネルギー形態
□：エネルギー資源
◯：宇宙の4つの力

宇宙の力に起因するエネルギー資源から、
各種形態のエネルギーが生成され、相互に変換される

1-8 <基礎編>

エネルギーの表式と単位

重力エネルギーは高さに、熱エネルギーは温度に、そして、光エネルギーは周波数に比例します。本節ではこれらの表式をまとめますが、すべてのエネルギーはジュール（J）で表すことができます。

▶▶ さまざまなエネルギーの表式

質量 m [kg] の物体の力学エネルギーは、重力加速度 g で高さ h [m] での位置エネルギーは mgh であり、これに速度 v の2乗で表される運動エネルギー $(1/2)mv^2$ [J] を加える必要があります。熱エネルギーは熱力学温度 T [K]（K：ケルビン、絶対温度）に比例しており、ボルツマン定数 k_B を用いて表現されます。光エネルギーは電磁波の周波数 ν [s^{-1}] に比例し、比例係数はプランク定数 h です。化学エネルギーはエンタルピー H [J]、温度 T [K]、エントロピー S [JK^{-1}] によりギブズの自由エネルギー G [J] で表され、電磁エネルギーは電場 E と磁場 B との各々の2乗に比例し、核エネルギーは質量欠損 Δm [kg] と光速 c [ms^{-1}] の2乗との積で表されます。これらのエネルギーは相互に変換されますが、エネルギー量は保存されます。

▶▶ エネルギーのさまざまな単位

物理量としての力は方向と大きさがあるベクトルなので太字のイタリック体で、仕事は大きさのみのスカラーなので標準のイタリック体が用いられます。力は質量 [kg] に加速度 [ms^{-2}] を掛けた値であり、力の単位は [kg・m/s^2] ですが、これを [N]（**ニュートン**）と書きます。仕事は力と変位との積で定義され、仕事の単位は [N・m] または [kg・m^2/s^2] ですが、これを [J]（**ジュール**）と書きます。この仕事が、力学的エネルギーに相当します。電力では1Vで1Aを用いると1W（ワット）のパワー（仕事率）ですが、1kWを1時間消費した場合の電力量の単位として**キロワット時** [kW h] が用いられます。熱力学では**カロリー** [cal] が用いられ、水1gの温度を1℃上げるのに必要な熱量に由来します。**電子ボルト** [eV] は原子や素粒子がもつエネルギーを表すのに用いられ、1個の電子を真空中で1Vの電位差で加速した場合のエネルギーに相当します。資源量の評価では、石油の重量に換算しての石油換算トン [toe] で比較されています（**下表**）。

1-8 エネルギーの表式と単位

各種エネルギーの表式

力学エネルギー

$F\Delta x$
位置エネルギー mgh
運動エネルギー $(1/2)mv^2$

F：力 (N)
Δx：変位 (m)
m：質量 (kg)
$g = 9.8 \text{m/s}^2$：重力加速度
h：高さ (m)
v：速度 (m/s)

熱エネルギー

$(3/2)k_B T$

k_B：ボルツマン定数 ($=1.38 \times 10^{-23}$ J/K)
T：絶対温度 (K)

光エネルギー

$h\nu$

h：プランク定数 ($=6.63 \times 10^{-34}$ Js)
ν：周波数 (s^{-1})

化学エネルギー

$G = H - TS$

G：ギブズの自由エネルギー (J)
H：エンタルピー (J)
S：エントロピー (JK^{-1})

電磁エネルギー

$(1/2)\varepsilon_0 E^2 + (1/2\mu_0) B^2$

E：電場強度 (V/m)
B：磁束密度 (T)
ε_0：真空の誘電率 ($=8.85 \times 10^{-12}$ F/m)
μ_0：真空の透磁率 ($=1.26 \times 10^{-6}$ H/m)

核エネルギー

Δmc^2

Δm：質量欠損 (kg)
c：光速 ($=3.0 \times 10^8$ m/s)

エネルギーの単位

単位	（用途）	変換
ジュール	（一般）	1J = 1Ws = 1Nm
キロワット時	（電力量など）	1kWh = 3.6×10^6 J
カロリー	（熱量、食品など）	1cal = 4.184 J
電子ボルト	（粒子など）	1eV = 1.60×10^{-19} J
石油換算トン	（資源量など）	1toe = 10^{10} cal = 4.2×10^{10} J

COLUMN 1

映画の中のエネルギー（1）

海底、地中、そして宇宙へ？
― 映画『月世界旅行』（1902年）―

　私たち生物の生活する世界（生物圏）は地圏、水圏、気圏で囲まれており、その果てを旅する冒険は想像やロマンを掻き立ててくれます。フランスのジュール・ヴェルヌの歴史的名作として、『海底2万マイル』（小説1870年、映画化1954年）、『地底旅行』（小説1864年、映画化『地底探検』1959年）、『月世界旅行』（小説1865年、映画化1902年）があり、その夢はディズニーランドのアトラクションとしても楽しまれています。

　特に、1902年の映画『月世界旅行』はSF映画の原点であり、ジョルジュ・メリエス監督・脚本・主演による有名なサイレント映画です。天文学者たちが集まって月への旅行を議論し、大砲で宇宙船を打ち上げて月に到達します。月には月星人がいてトラブルになり、慌てて地球に戻ってくる物語です。

　SF映画としは、このメリエス監督の映画を出発点として、H.G.ウェルズ原作でフリッツ・ラング監督の『メトロポリス』の公開は1927年であり、1930年代になって古典的な白黒映画としての『フランケンシュタイン』『キングコング』『透明人間』などが公開されています。その当時から現代までの科学技術の発展は目を見張るものがあります。当時としては大砲による月旅行や地球外生命体の存在など、夢多き冒険ロマンですが、現代では宇宙やエネルギー・環境問題に関連したさまざまなSF映画が作られてきており、未知のエネルギーを用いた宇宙の冒険も描かれています。

大砲による月世界旅行

『月世界旅行』
原題：Le Voyage dans la Lune
原作：ジュール・ヴェルヌ
製作：1902年、フランス
監督：ジョルジュ・メリエス
出演：ジョルジュ・メリエス
製作社：スター・フイルム

第2章

<基礎編>
エネルギー利用と環境問題

私たちは生きていくために、さまざまなエネルギーを変換し利用します。その際、経済や環境に影響が現れます。エネルギーをクリーンで有効利用するために、エクセルギーやエントロピーの概念を述べ、エネルギーの価格や地球温室効果ガスとしての二酸化炭素排出量について評価します。

2-1 <基礎編>

エネルギーと環境問題

エネルギーの大量消費により、さまざまな環境問題が発生します。地球全体では温暖化が進行しており、人類のエネルギー起源の二酸化炭素が原因と考えられています。

▶▶ エネルギー、経済、環境

従来から、エネルギーと環境問題は、エネルギー安定供給 (Energy)、経済性 (Economy)、環境保全 (Environment) の3つのEが互いに矛盾する**3Eトリレンマ** (三重苦) としての困難な課題であることが指摘されてきました。安全性確保 (Safety) を前提としての「3E+S」の同時達成が目標でした。技術革新などによる安全性の確保を大前提として、従来のトリレンマを超えて、環境汚染をともなわない持続可能エネルギーによるエネルギー安定供給、脱炭素化のエネルギー活用による経済の活性化、そして、グリーン成長戦略などの経済推進による環境保全の達成が必要となってきています (**上図**)。

▶▶ 温室効果ガス (GHG) による地球温暖化

地球の温度は太陽エネルギーで保たれています。太陽からのエネルギーを地球が吸収し、その一部を宇宙に放射することで熱的なバランスがとれ、地球の温度 (平均15℃) が定まります。温室効果がなければ、マイナス18℃の冷凍の世界になってしまいます。しかし、**温室効果ガス** (**GHG**) が増えすぎると宇宙へのエネルギー放射が減り、地球温暖化が起こります (**下図**)。

気温が一定に保たれている状態を基準として、宇宙空間への放射が減るか増えるかで、地球の温暖化か寒冷化かが決まります。対流圏の上端 (圏界面) における平均的な正味の放射の変化を**放射強制力** (ワット毎平方メートル) としてあらわし、気温が一定に保たれている状態 (気候変動に関する政府間パネルIPCCでは産業革命以前の1750年を採用) を基準として、正の放射強制力が温暖化、負の放射強制力が寒冷化に相当します。太陽から入射されるエネルギーは平均して340ワット毎平方メートルですが、平衡状態からこの1%ほどのパワー放射変化が起これば、地球温度を変化させることになります。

2-1 エネルギーと環境問題

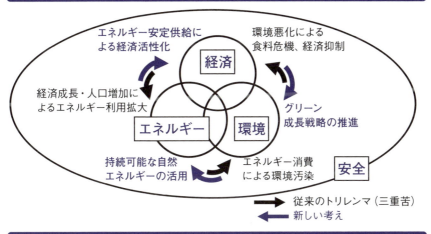

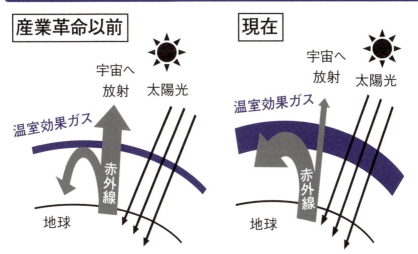

温室効果ガスは光をよく通すが、赤外線（熱）を吸収し一部を地表に再放射する。温室効果ガスが増えると地球温暖化が起こる

温室効果ガスの種類	地球温暖化係数（GWP）
二酸化炭素	1
メタン	25
一酸化窒素(NO)	298

2-2 ＜基礎編＞

エネルギー保存とエクセルギー損失

エネルギー量は保存しますが、エネルギー変換ではすべてを望む形態に変換できるとはかぎりません。有効なエネルギーの概念を定義し、その効率を高める必要があります。

▶▶ エネルギー保存と永久機関

　古来さまざまな永久機関が検討されてきました。右ページの**上図**には「シモン・ステヴィンの数珠」が描かれていますが、左右で重さが違うので永久に動き続けるのではないかとの予想があります。実際には、ステヴィンの力の平行四辺形の法則から左右の糸の引く力は釣り合っており回転しません。仮に手で動かしたとしても摩擦熱や空気抵抗で回転のエネルギーが失われてしまいます。この数珠の回転の永久機関は熱力学第一法則（エネルギーの保存則）に反しており、**第1種永久機関**と呼ばれます。一方、発生した熱などを回収して回転の力学エネルギーに変換するメカニズムを追加することができれば、永久機関ができそうに思われますが、熱力学第二法則（エントロピー増大の保存則）から、熱の100％を力学エネルギーに変換することは不可能です。これは**第2種永久機関**と呼ばれ、実現不可能です。ちなみに、永久機関風の「水飲み鳥」のおもちゃは、コップの水で鳥のくちばしについた水が気化して冷やされて空気が収縮するエネルギーが用いられており、閉じた系ではないので永久機関とは呼べません（**上図右**）。

▶▶ エクセルギーとアネルギー

　流体がもつ熱量を、内部エネルギーと膨張・収縮するためのエネルギー（流動エネルギー）とを合わせたものとして、**エンタルピー**（熱含量、全熱エネルギー）を導入します。力学的なエネルギー（仕事）として取りだせるエネルギーは**エクセルギー**（有効エネルギー）と呼ばれます。エクセルギーはエンタルピーから乱雑エネルギー（エントロピー増加分関連（**2-3節**））を引いたものです。一方、力学的なエネルギーとして取りだせないエネルギーを**アネルギー**（無効エネルギー）と呼び、エントロピーの増加分と同じになります。省エネルギーとは、有効エネルギー（エクセルギー）を無駄使いしないことであり、「省エクセルギー」を意味しています。

30

2-2 エネルギー保存とエクセルギー損失

エネルギー保存と永久機関

シモン・ステヴィン※の数珠

※1600年ごろのベルギーの数学・物理学者

この方向に永久に
動き続けるか？　重い　軽い

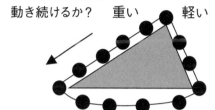

水飲み鳥　水の蒸発による冷却
環境の熱を利用
していて、永久
機関ではない

第1種永久機関は不可能　　摩擦熱の損失などで、エネルギー保存を
（熱力学第一法則）　　　　　満たさない永久機関は作れない

第2種永久機関も不可能　　熱を100%力学エネルギーに変換できる
（熱力学第二法則）　　　　　装置は作れない

エクセルギーとアネルギー

熱機関

熱量 Q_H　　熱量 Q_L
高温熱源 温度 T_H → 熱機関 → 低温環境 温度 T_L
↓ 仕事 W

エクセルギー　＝　全熱エネルギー　－　アネルギー
（有効エネルギー）　　　　　　　　　　（無効エネルギー）
W　　　　＝　　　　Q_H　　　　－　　　Q_L

エクセルギーとは仕事に変換できるエネルギーで、
省エネルギーとは省エクセルギーのこと

熱効率とエクセルギー効率

実際の熱効率 $\eta = \dfrac{W}{Q_H} = \dfrac{Q_H - Q_L}{Q_H}$ ≤ $\eta_C \left(\equiv \dfrac{T_H - T_L}{T_H} \right)$ 最大のエネルギー効率（カルノー効率）

エクセルギー効率 $= \dfrac{実際のエクセルギー (Q_H \eta)}{最大のエクセルギー (Q_H \eta_C)} = \dfrac{実際の効率 (\eta)}{最大効率 (\eta_C)}$

理想的なカルノーサイクルでは、エクセルギー効率は100%

2-3 ＜基礎編＞

エンタルピーとエントロピー

生物においてエネルギーは生命の源であり、量と同時に質にもこだわる必要があります。全エネルギーは「エンタルピー」であり、乱雑度を表す「エントロピー」、有効度をあらわす「エクセルギー」も定義されます。

▶▶ エネルギーは保存される（熱力学第1法則）

　熱力学第1法則（エネルギー保存の法則）から、「系のエネルギー変化は、系が外界から受け取るエネルギーに等しい」と書けます。系に与えた熱量Qは、系の内部エネルギーの変化量ΔUと気体が外部にした仕事W_{out}との和で表されます。ここで、内部エネルギーとは、原子や分子の熱運動のエネルギーの総和を示しています。また、仕事W_{out}は、ΔUと$p\Delta V$との和です（**上図**）。

　以上の考察から、全エネルギー量を表すのに、系の内部エネルギーUに圧力と体積の積pVの値を加えた量**エンタルピーH**（熱含量）を定義します（**上図**）。体積一定の変化の場合には、内部エネルギーの変化ΔUが周辺からの流入熱量Qと同じになります。一方、圧力一定の変化の場合にはエンタルピーの増加量ΔHが流入熱量Qと一致し、$\Delta H>0$の場合には吸熱反応、$\Delta H<0$で発熱反応となります。

▶▶ エントロピーは増大する（熱力学第2法則）

　たとえば、力学エネルギーと電気エネルギーとの相互変換は、発電機と電動機で可能ですし、化学エネルギーと電気エネルギーとの相互変換は、燃料電池と電気分解作用で可能です。また、熱エネルギーと力学エネルギーとの変換は、熱機関とヒートポンプで行われます。ただし、熱エネルギーの場合、ほかのエネルギーへの変換効率は高くありません。全体としてのエネルギーの保存が成り立ちますが、熱エネルギーの変換に関しては不可逆的です。冷たい水と温かい水を混ぜ合わせた場合に平均の温度の水が作られますが、その逆に、冷たい水と温かい水に分離するのは不可能です（**下図**）。これは「**エントロピー**（乱雑さ）増大の法則」と呼ばれ、**熱力学第二法則**に相当します。「熱力学的な時間の矢」が一方向であり、エントロピーが常に増加します。ケルビン卿、クラウジウス、オストワルドなどにより、熱力学の原理として、さまざまな表現でまとめられています（**下図**）。

2-3 エンタルピーとエントロピー

エンタルピーは熱含量

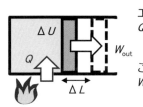

エネルギーの保存則より
$Q = \Delta U + W_{out}$

Q：熱量(J)
ΔU：内部エネルギー(J)
W_{out}：外部への仕事(J)

ここで、
$W_{out} = F\Delta L = pS\Delta L = p\Delta V$

p：圧力(N/m²)
S：断面積(m²)
F：力(N)$= pS$

したがって、
$Q = \Delta U + p\Delta V$

ΔL：膨張長さ(m)
ΔV：体積変化分(m³)$= S\Delta L$

$$H = U + pV$$
エンタルピー　内部エネルギー　膨張・圧縮エネルギー

等積変化：$Q = \Delta U$
等圧変化：$Q = \Delta H$　　エンタルピー(熱含量)Hの単位は J(ジュール)

エントロピー増大の法則(熱力学第2法則)

エントロピー(乱雑さの度合い)は常に増加する

ケルビン卿の原理　　一様な温度をもつ物体から高温の熱を取りだし仕事に変換するだけで、それ以外になんの変化も残さない過程は実現不可能である

クラウジウスの原理　　低温の物体から高温の物体に熱を移すだけで、それ以外になんの変化も残さない過程は実現不可能である

オストワルドの原理　　熱を仕事に変換して動き続ける機関(第二種永久機関)は実現不可能である

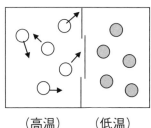
(高温)　(低温)

不可逆的

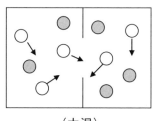
(中温)
気体分子が混ざり合う

2-4 ＜基礎編＞

エネルギー源の環境アセスメント

太陽光発電や原子力発電では運転時に温室効果ガスを排出しませんが、建設や運転、廃炉を含めての全体を通しての温室効果ガス排出の評価が必要です。これをライフサイクルアセスメント（LCA）と呼びます。

▶▶ エネルギー源のライフサイクルアセスメント

ある製品・サービスのライフサイクル全体（資源採取→原料生産→製品生産→流通・消費→廃棄・リサイクル）における経済性や環境負荷を定量的に評価する手法が**ライフサイクルアセスメント**（**LCA**：Life Cycle Assessment）です。機器の原料生産、運搬、機器製造や、廃棄時の処理・処分のためのCO_2排出量を算定して、包括的に評価する必要があります（**上図**）。機器としては、本体設備、付帯設備、建屋、土地などのデータを用い、一般的な機器のデータは、「産業連関表」を用いて、価格、CO_2排出量、エネルギー量を算出します。それらの機器の物量・価格・二酸化炭素排出量・エネルギー量を計算して、最終的に設備費、発電単価（COE）、発電量あたりのCO_2排出量率、エネルギー収支比（EPR）が定まり、総合的に評価されてきています。

▶▶ 発電単価（COE）の比較

発電の経済性比較では、稼働期間内での総発電電力量を、発電所の建設から運転・廃止までの総費用で割った**発電単価**（**COE**：Cost of Electricity）を計算する必要があります。総費用には、資本費、運転維持費、燃料費のほかに、社会的費用として事故リスク対策費、政策経費、環境対策費（炭素税など）などを加えます。

2030年度での発電単価の予測推定値を**下図**に示します。自然変動電源（出力が天候に左右される電源）か否かも重要な観点ですので、図に記載しています。石油火力、洋上風力や小水力の発電単価が高く、中水力や原子力が比較的安価です。石炭火力のキロワット時あたりでは資本費は2円、燃料費は5円ですが、二酸化炭素対策費の4円が加わってキロワット時あたり13円ほどになっています。石油火力は燃料費だけで29円ほどと非常に高価であり、現状では発電の割合が減ってきています。太陽光のCOEは現状では2030年予測図の値の1.5倍ほどですが、2030年以降では、さらなる低減が期待されています。

2-4 エネルギー源の環境アセスメント

各種電源の二酸化炭素排出原単位の評価

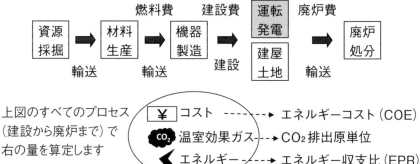

発電単価（COE）の電源比較

COE：Cost of Electricity

$$\text{COE}(円/kWh) = \frac{総費用（資本費＋運転維持費＋燃料費＋社会的費用）(円)}{総発電量(kWh)}$$

2030年度のCOE予測

電源	発電単価(円/kWh)
石炭火力	12.9
石油火力	28.9
LNG火力	13.4
原子力	10.3
太陽光（事業用）	14.2
太陽光（家庭）	11.2
風力（陸上）	17.6
風力（洋上）	32.5
地熱	16.8
中水力	11.0
小水力	23.3

※太陽光・風力は自然変動電源

データの出典：2021年発電コストワーキンググループ報告書

2-5 ＜基礎編＞

CO₂解析と環境アセスメント

電源構成の経済性と環境影響に対しての比較検討には、単位発電量あたりのコスト（発電単価）と二酸化炭素の排出量（カーボンインテンシティ、二酸化炭素原単位）が用いられます。

▶▶ 電源別の二酸化炭素排出原単位

カーボンニュートラルに向けて、カーボンフリーの電源構成が検討されています。単位発電量に対しての二酸化炭素排出の原単位は**カーボンインテンシティ**とも呼ばれます。石炭火力発電がもっとも高く、1時間・1キロワットあたり二酸化炭素換算で1キログラム近くです（**上図**）。このうち、9割近くが燃料燃焼による排出です。LNG（液化天然ガス）での火力発電では石炭の6割近くです。複合発電化することでエネルギー効率が向上して、石炭の5割ほどに低減化可能です。再生可能エネルギーや原子力での発電では、燃料燃焼にともなう二酸化炭素排出がなく、排出原単位は低くなります。特に、水力や地熱発電では設備利用率が高いので、発電量あたりの炭素排出量が1キロワット時あたり10グラムほどになっています。原子力発電では19グラム／キロワット時であり、脱炭素化にとって重要な電源です。太陽光発電では太陽電池の製作プロセスでの二酸化炭素排出量が大きく、設備利用率がよくないこともあり、原子力の2倍ほどにとどまっています。

▶▶ エネルギー解析とEPR

総発電エネルギーと使用した総供給エネルギーとの比をエネルギー利得比（EPR）として定義します。各種電源についてのEPRの比較を**下図**に示します。燃料採掘や生成のためのさまざまなエネルギーは加えますが、燃料そのものの価値としてのエネルギーを加えるか否かで、EPR値は大きく異なります。燃料を除くと原子力のEPRがもっとも高く、ほかの電源に比べて1.5～2倍で70を越えます。太陽光、水力、風力などの再生可能エネルギーでは、燃料自体のエネルギーは無視します。枯渇性の化石燃料や核燃料では、毎年の燃料エネルギーは膨大なので、これを組み入れるとEPRは極端に小さくなります。核燃料の増殖などにより、燃料を有効活用することで、実質的にEPRを向上させることができます。

2-5 CO2解析と環境アセスメント

電源の二酸化炭素排出原単位の比較

$$CO_2 排出原単位 = \frac{CO_2 総排出量 (g-CO_2)}{総発電量 (kWh)}$$

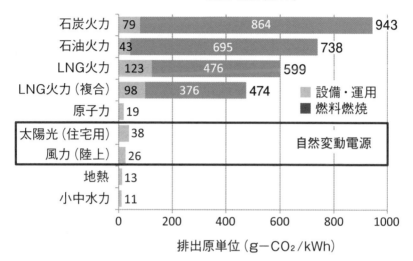

データの出典：電力中央研究所報告書

エネルギー利得率（EPR）の比較

EPR：Energy Profit Ratio（エネルギー利得比）

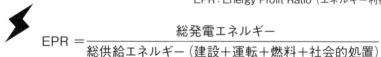

$$EPR = \frac{総発電エネルギー}{総供給エネルギー（建設＋運転＋燃料＋社会的処置）}$$

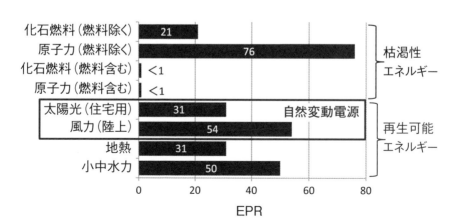

データの出典：産業技術総合研究所

2-6 ＜基礎編＞

カーボンニュートラルの方策

脱炭素化としてのカーボンニュートラル宣言が国際的になされており、そのためのさまざまな方策が推進されてきています。そもそも、カーボンニュートラル（炭素中立）とはなんでしょうか？

▶▶ カーボンニュートラルの仕組み

温室効果ガスとしてもっとも重要なガスは二酸化炭素ですが、**カーボンニュートラル**（炭素中立）とは**温室効果ガス**（**GHG**、グリーンハウスガス）の排出の全体量を実質的にゼロにすることです。実際に排出量をゼロにするのではなくて、温室効果ガスの排出量から、森林などによる二酸化炭素ガスの吸収量を差し引いて、大気中への増加分を正味ゼロ（ネットゼロ）にすることを意味しています（**上図**）。

温室効果ガスの典型としての二酸化炭素（カーボンダイオキサイド）の意味でカーボン（炭素）と略して、カーボンニュートラル（炭素中立）、あるいは、ゼロカーボン（零炭素）、ゼロエミッション（零排出）、カーボンフリー（炭素なし）などと呼ばれており、デカーボニゼーション（脱炭素化）ともいわれます。現在、カーボンニュートラルは、脱炭素社会の構築のためのキーワードとなっています。

▶▶ 二酸化炭素排出の抑制策（緩和策）と防備策（適応策）

地球温暖化の**緩和策**として、GHGの排出を削減する対策とGHGの吸収源を増大させる対策とがあります。創エネルギーでの再生可能エネルギーや原子力エネルギーの有効活用、エネルギー利用での電化・水素化、省エネルギー対策の促進、などがあり、植樹による森林吸収源の増大や、関連する環境教育の重要性の喚起も重要です。二酸化炭素除去（**CDR**）の技術開発も不可欠です。

一方、緩和策でも温暖化を避けることができない場合には、その悪影響への備えと、新しい気候条件への適応と有効利用などの**適応策**が必要になります。気候変動による豪雨災害対策や熱中症などの健康被害対策、さらに農産物の高温障害対策、気候に合った農作物の生育などがあります。太陽からの照射エネルギーを制御する太陽放射管理（**SRM**）も適応策の１つとして考えることもできますが、未知のリスクの可能性が指摘されており、慎重な対応が求められています。

2-6 カーボンニュートラルの方策

カーボンニュートラル

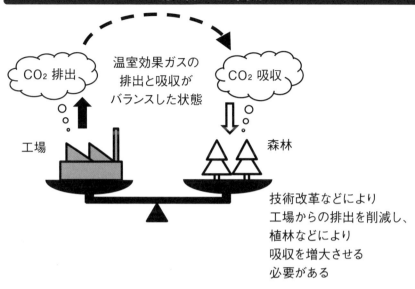

技術改革などにより
工場からの排出を削減し、
植林などにより
吸収を増大させる
必要がある

緩和策と適応策

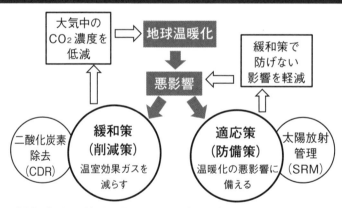

CDR：Carbon Dioxide Removal　　SRM：Solar Radiation Management
（ジオエンジニアリングにより、
成層圏にエアロゾルを散布したり、
中間圏に宇宙太陽光遮蔽板を設置）

緩和策
◆再生可能エネルギーの普及拡大
◆安全に留意した原子力の活用
◆省エネルギー対策
◆森林吸収源対策

適応策
◆治水対策、洪水危機管理
◆渇水対策、水資源管理
◆避難体制や危機管理体制の強化
◆熱中症予防、感染症対策
◆農作物の被害対策、品種改良
◆生態系の保全

2-7 　　　　　　　　　　　　　　　　　　　　　　　 ＜基礎編＞

カーボンネガティブの技術

カーボンニュートラルを維持することで大気中の二酸化炭素濃度の急激な上昇を抑制できますが、低減させることは困難です。より積極的にネガティブエミッションの技術が必要となってきています。

▶▶ ゼロエミッションからネガティブエミッションへ

カーボンニュートラル（炭素中立）はゼロエミッション（零排出）とも呼ばれています。排出に比べて、吸収や貯留の量が多くて、大気中の二酸化炭素濃度が減少する場合が**ネガティブエミッション**（負排出）です。具体的には、工場排気と植林回収との釣り合いでのゼロエミッション状態から、さらに工場排気の二酸化炭素の回収・貯留（CCS）を行うことで、ネガティブエミッション（カーボンネガティブ）が達成されます（**上図**）。

▶▶ ネガティブエミッションのいろいろな方策

ネガティブエミッション技術として、自然の脱炭素プロセスを人工的に加速したり、人為的プロセスの脱炭素技術を積極的に組み入れたりします。具体的方策として（**下図**）、第一に「バイオマス利用」として、新規植林や再生林、土地の再生と土壌への炭素貯留（自然分解による二酸化炭素発生を防止）、バイオマスを炭化して炭素の固定、などがあります。「回収・貯留」としては、バイオエネルギー利用によるCO_2の回収・貯留（BECCS）とCO_2の直接空気回収・貯留（DACまたはDACCS）があり、「風化利用」では、玄武岩などの粉砕・散布による風化促進、さらには「海洋利用」として、海洋への養分散布による海洋植物の生育促進、アルカリ性物質散布による海洋吸収の促進などが挙げられます。

これらの技術は、その成熟度や費用などで大きく異なっています。2050年での植林では二酸化炭素1トン削減あたり3千円ほどですが、BECCSでは1万5千円、DACCSでは2万円ほどと予想されています。ちなみに、2050年の炭素税のIEA（国際エネルギー機関）の想定価格は1トンあたり2万5千円です。2050年には年間5百億トンの二酸化炭素の削減が目標とされており、そのうちの70億トンが分離回収による削減量と想定されています。

2-7 カーボンネガティブの技術

ネガティブエミッションのイメージ

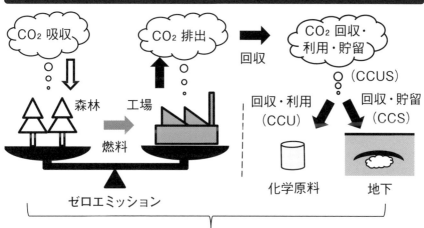

ネガティブエミッション（カーボンネガティブ）
温室効果ガスの排出（エミッション）が、
正味として負（ネガティブ）になること

ネガティブエミッション技術（NETs）

NETs：Negative Emission Technologies

バイオ利用
植林・再生林（グリーンカーボンの吸収・固定）
土壌炭素貯留（自然分解によるCO_2発生を防止）
バイオ炭（バイオマスを炭化して炭素を固定）

回収貯留

BECCS（バイオエネルギーと二酸化炭素回収貯留の組み合わせ）
DAC（空気中の二酸化炭素の直接回収）
DACCS（DAC+CCS）

風化利用
風化促進（玄武岩などの風化プロセスでの
　　　　　炭酸塩化によるCO_2吸収）

海洋利用
海洋肥沃・生育促進（ブルーカーボンの吸収・固定化）
植物残渣海洋隔離（自然分解によるCO_2発生を防止）
海洋アルカリ化（自然の炭素吸収を促進）

（語句説明）
グリーンカーボン：陸上生態系が吸収する炭素
ブルーカーボン　：海洋生態系が吸収する炭素
BECCS：Bio-Energy with Carbon Capture and Storage
DAC　　：Direct Air Capture
DACCS：Direct Air Capture with Carbon Storage

COLUMN 2

映画の中のエネルギー（2）

逆ガル翼飛行機とは？
－アニメ映画『風立ちぬ』（2013年）－

　小説『風立ちぬ』は堀辰雄の実体験にもとづいた有名な恋愛小説です。美しい自然に囲まれた高原のサナトリウムで、重い病に冒されている婚約者につき添う主人公が、愛する者の愛と死を見つめてともに生きる物語ですが、冒頭にポール・ヴァレリーの詩の1節（風立ちぬ、いざ生きめやも）が原文で掲載されています。

　その堀辰雄に敬意を表しながら作られたアニメ映画『風立ちぬ』は、航空技術者堀越二郎の半生を描いた物語です。映画のキャッチコピーは「生きねば。」であり、主題歌は若き日のユーミン（荒井由実）が友達の死を悼んで作った歌「ひこうき雲」です。関東大震災を経て、零戦の設計に携わった二郎は、航空機の設計で空気抵抗を下げるために沈頭鋲（皿頭リベット）の採用や逆ガル翼設計など、さまざまな工夫を考案します。かもめ（ガル）の翼は山形で、スポーツカーなどでガルウイングドアと呼ばれます。飛行の安定性が良いことが特徴ですが、急降下のスピード用として腹に爆弾を搭載しやすい逆ガル翼設計（九試単座戦闘機試作1号機）も試みていました。しかし、翼の根元の強度の課題もあり、最終的な零戦設計では直線テーパー翼が採用されることになります。

　翼の傾きに関連しては、急降下して制御不能な旅客機を背面飛行により切り抜けて生還させたパイロットが、一転飲酒飛行で訴えられる映画『フライト』（2012年、ロバート・ゼメキス監督）があります。実際に、全日空系のエアニッポン（ANK）機が2011年9月に操作ミスにより急降下で数十秒間裏返し飛行が行われたとの報告があります。飛行機の安定性は、ローリング（横揺れ）、ヨーイング（偏揺れ）、ピッチング（縦揺れ）の剛体として自由度は6であり、信頼性の高い制御機器設計が必要となっています。

映画での逆ガル翼の試作機と
最終形のテーパー翼の零戦（後方）

『風立ちぬ』
原作：宮崎駿
製作：2013年　スタジオジブリ
監督：宮崎駿
主題歌：荒井由実「ひこうき雲」
配給：東宝

第3章

＜現状編＞
力学エネルギーの利用と変換

エネルギーの基本概念は力学（機械）エネルギーから始まりました。力学エネルギーの歴史を振り返り、その表式を理解して、力学エネルギーの変換（生成と利用）について考えてみましょう。特に、力学から電気への発電機の原理や、身近な力学環境発電について説明します。

3-1 ＜現状編＞

力学エネルギーの歴史

私たちは、日常生活でいろいろなエネルギーを利用しています。最初に、目に見える機械的な運動のエネルギーに関する力学エネルギーの歴史的展開について考えてみましょう。

▶▶ 古代から中世の運動論

物体を動かすには力が必要です。古代の**アリストテレス**の運動論では、矢が飛び続けるのは自然界には真空状態はなくて回り込む空気が矢を押すからだと考えられ、重いものほど大きな力が働くので速く落下すると考えられていました。また、物体は地界では上下の運動の、天界では横方向の運動（円運動）に支配されているとされました（**上図**）。この考えは、中世での天動説の考えとともに、キリスト教文化の中で長い間信じられてきました。

以上の考えを打ち破ったのは、地界の運動の法則を明確化した**ガリレオ・ガリレイ**です。力がなくても運動が持続するという慣性の法則や、落下の距離は経過時間の２乗に比例し、質量に依存しないという落体の法則を明確化しました。一方、天界の運動としては、太陽を中心としての**ケプラー**の力学の３法則により明らかにされてきました。これらの天上の法則と地上の法則とを統合してのニュートンの力学の３つの法則（慣性の法則、運動方程式、作用反作用の法則）と万有引力の法則があります。これを基礎として、古典力学が形成されてきました。

▶▶ 現代の力学へ

その後、解析力学としてオイラー・ラグランジェ方程式やハミルトン方程式が用いられ、量子力学の解析の基礎となりました。1900年に**マックス・プランク**により放射の法則から光量子仮説が提案され、電磁波の１つとしての光の粒子と波の二重性の研究から、量子力学が発展してきました。一方、電気力学の発展としての光速度不変性から1905年に**アインシュタイン**により**特殊相対性理論**が発表されました。古典力学では速度の加法則が成り立ちますが、光速一定の法則としてのローレンツ変換が提案され、特殊相対性理論（等速運動系）から、時空の歪みを含めた一般相対性理論（加速度運動系）へと発展してきました。

44

3-1 力学エネルギーの歴史

古代から近代への運動論

アリストテレス　　自然学

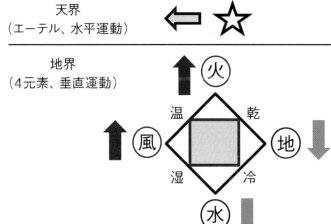

ケプラー　　天界の力学（ケプラーの3法則）
ガリレオ　　地界の力学（落体の法則、慣性の法則、
　　　　　　　　　　　　振り子の等時性、ほか）
ニュートン　古典力学の体系化（ニュートンの3法則、
　　　　　　　　　　　　　万有引力の法則）
オイラー　　解析力学

現代の力学エネルギーの歴史的展開

マクスウェル　　電気力学の発展（電磁波の示唆）

プランク　　　　量子力学の発展（光量子仮説）

アインシュタイン　相対論力学の開花（光速不変の原理、等価原理）

ディラック　　　相対論的量子力学への進展（反粒子仮説）

（現在発展中）　量子重力理論の模索（超弦理論など）

3-2 ＜現状編＞
力学エネルギーの基礎

物理学の基本概念は、位置、時間、質量です。力やエネルギーなどの物理量はこの基本単位で表されます。質点（大きさがないが重さがある物体）、剛体（変形しない物体）、流体の力学エネルギーについてまとめます。

▶▶ 質量と力と仕事

　　質点（大きさがないが重さがある物体）のエネルギーは、位置エネルギーと運動エネルギーの和で表されます。**位置エネルギー（ポテンシャルエネルギー）**とは地球と物体とが引き合う重力エネルギーを示しています。正確には、地球と物体との万有引力のほかに、地球の回転にともなう遠心力を含みます。力 $F=mg$ が加わって物体がその方向に Δx だけ変位した場合の仕事 W は $F\Delta x$ であり、基準点からの高さ h の場合には、位置エネルギーは $U=mgh$ となります。バネの場合には、ばね定数 k と変位の平方 x^2 との積が位置エネルギーに比例します。一方、質量 m（kg）が速度 v で動いている物体では、運動量は mv であり、運動エネルギー（カイネティックエネルギー）は質量 m と速さの平方 v^2 との積に比例して $(1/2)mv^2$ と表されます。加速度が加わり速度が変化することで運動エネルギーが変化します。外力が働かない場合には、位置エネルギー U と運動エネルギー K の和としての力学的エネルギーの保存の法則が成り立ちます。空気抵抗や摩擦力、熱、音、光の発生がない場合には、力学エネルギーの保存が成り立ちます（**上図**）。

▶▶ 剛体と流体のエネルギー

　　力が加わっても変形しない理想の物体は**剛体**と呼ばれますが、その重心の運動は質点の場合と同様に考えることができます。剛体の運動エネルギーでは並進のエネルギーのほかに、重心の周りの回転のエネルギーを加える必要があり、**慣性モーメント**と角速度の平方との積に比例しています。この回転のエネルギーを加えたエネルギー保存則が成り立ちます。

　　流体の場合には、変形をともなって流れるので、ある場所でのエネルギー密度を考えます。運動エネルギー密度と位置エネルギー密度とのほかに、その場所での圧力を加えたエネルギー密度の和が保存され、**ベルヌーイの定理**と呼ばれています。

46

3-2 力学エネルギーの基礎

質点のエネルギー保存

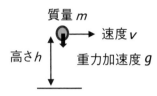

運動エネルギー（カイネティックエネルギー）

　　運動エネルギー　　$K = \dfrac{1}{2}mv^2$

位置エネルギー（ポテンシャルエネルギー）

　　重力エネルギー　　$U = mgh$

　　バネのエネルギー　$U = \dfrac{1}{2}kx^2$

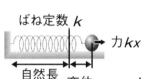

力学エネルギー保存の法則　$K + U = $ 一定

剛体のエネルギー保存

運動エネルギー（カイネティックエネルギー）

　　並進エネルギー　　$K = \dfrac{1}{2}MV^2$

　　回転エネルギー　　$W = \dfrac{1}{2}I\omega^2$

位置エネルギー（ポテンシャルエネルギー）

　　重力エネルギー　　$U = MgH$

力学エネルギー保存の法則　$K + W + U = $ 一定

流体のエネルギー保存

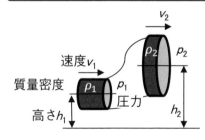

流体のエネルギー密度保存の法則
　　　（ベルヌーイの定理）

$$\dfrac{1}{2}\rho v^2 + \rho gh + p = 一定$$

g は重力加速度

3-3 ＜現状編＞

力学エネルギーの利用と貯蔵

力学（機械）エネルギーとしての運動エネルギーでは、運輸などのエネルギーのほか、発電や発熱などへのエネルギー変換利用が可能です。力学エネルギー自体の貯蔵も開発されてきています。

▶▶ 力学エネルギーの利用と変換

　力学エネルギーの直接的な利用として、水車による脱穀作業やジェットコースターでのカートの落下運動などがあります。水鉄砲やブランコ、シーソーなどの遊具でも、力学エネルギーが利用されます。力学エネルギーを電気エネルギーに変換する機器としては、電磁誘導の法則による発電機（ジェネレータ）があり、水力や風力発電で用いられています。小さな発電機器では圧電素子などが利用されます。逆に電気エネから力学エネを生成変換するには、電動機（モータ）が広範囲に用いられています。熱エネルギーへの変換例としては、摩擦を利用しての古代の火おこし器具があり、気体を圧縮すると温度が上がり膨張させると温度が下がる性質を活用したヒートポンプ技術もあります。空気の中にある熱エネルギーを集めて空調や給湯などに使うエコな技術です。熱から力学への逆変換として熱機関があり、運輸や発電で利用されます。光エネルギーへの変換には摩擦発光が可能であり、逆変換としては光子の運動量を利用しての光子ロケットが検討されています。核エネルギーでは、原子核の高速運動により核反応が誘起でき、核エネルギーが利用できます。核反応のエネルギーの一部は、生成粒子の力学エネルギーとして生成されます。

▶▶ 力学エネルギーの貯蔵

　力学エネルギーの貯蔵法には、媒体からの固体、液体、気体で分類できます。典型的な例として、発電用に、**フライホイールエネルギー貯蔵（FWES）**、**揚水発電**（海水揚水、地下揚水を含む）、**圧縮空気エネルギー貯蔵（CAES）**が用いられます。大質量のはずみ車（フライホイール）を電動発電機に連動させて、小さなパワーで少しずつフライホイールを回して最終的に大容量の回転エネルギーを蓄え、それを瞬時に放出することで大出力パワーが得られます。

3-3 力学エネルギーの利用と貯蔵

力学エネルギーの変換

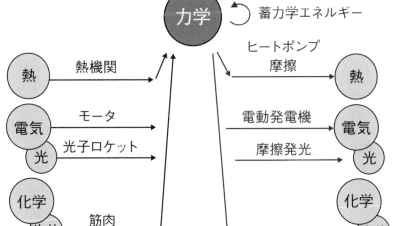

力学的エネルギー貯蔵

固体：フライホイール（はずみ車、FWES）

液体：揚水発電（海水揚水、地下揚水を含む）

気体：圧縮空気エネルギー貯蔵（CAES）

FWES：Fly-Wheel Energy Storage
CAES：Compressed Air Energy Storage

3-4 　　　　　　　　　　＜現状編＞

発電機の原理（力学から電気へ）

力学エネルギー（仕事）から電気エネルギー（電力）を得る機器は発電機と呼ばれています。大規模な発電には電磁誘導の原理が使われ、小規模発電では圧電素子などが利用されます。

▶▶ 電磁誘導の仕組み

　ソレノイド状に巻いた導体に磁石を近づけたり遠ざけたりすると、コイルに電圧が誘起されます（**上図**）。これはコイル中の磁場が変化するとコイルに電流を流そうとする働きとして、コイルの両端に起電力が働くからです。この現象を**電磁誘導**といいます。電磁誘導で生じる起電力を**誘導起電力**（誘導電圧）と呼び、生じる電流を**誘導電流**と呼びます。「誘導起電力の大きさは、コイルを貫く磁束の単位時間あたりの変化に比例する」という**電磁誘導の法則**が、1831年にマイケル・ファラデー（英国）により発見されました。磁石やコイルの運動エネルギーが電気エネルギーを誘起することになり、大規模な発電機器に利用されています。

▶▶ 圧電素子の仕組み

　ある物質に圧力を加えると電圧が発生する場合があります。これは圧電効果、あるいは、ピエゾエレクトリック効果と呼ばれ、その物体を圧電体あるいは**圧電素子**と呼ばれています。圧搾するという意味のギリシャ語から「ピエゾ」と名づけられています。これは機械（力学）エネルギーが電気エネルギーに変換される効果であり、ガスコンロやライターなどの圧電点火装置、空気の振動を電気に変えるマイクロフォン、金属の伸縮による抵抗値の変化を測定するストレインゲージ（歪みゲージ）などで利用されています。

　固体の結晶はイオンが格子状に配置されていますが、結晶に圧力が加わるとイオンの位置がずれて電気を帯びることになります。これは**電気分極**という現象であり、結晶内に電圧が発生することになります。例としてチタン酸バリウム（$BaTiO_3$）の結晶の場合を**下図**に示します。中心点と正8面体を内蔵する立方体の結晶構造は灰チタン石（ペロブスカイト）で代表される構造と同じであり、**ペロブスカイト構造**と呼ばれています。

3-4 発電機の原理（力学から電気へ）

電磁誘導のしくみ

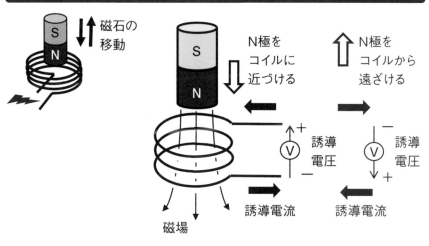

圧電素子での電気分極のしくみ

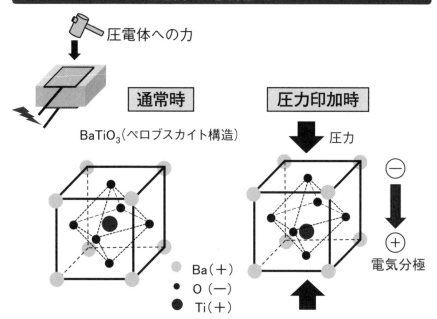

チタン酸ジルコン酸鉛（PZT）の場合は
外側の ○ にPb（鉛）、中心の ● に
Zr（ジルコニウム）またはTi（チタン）

PZT：Lead（Pb）Zirconate Titanate

3-5 ＜現状編＞

水力発電の仕組み（流水運動から電気へ）

水力発電は、高所から重力で流れ落ちる水を利用します。位置エネルギーを運動エネルギーに変えて、発電機により電気に変換します。現在では大規模水力発電の立地は困難となっており、小水力発電が推奨されてきています。

▶▶ 水力発電の原理とパワー

　水力発電では、水の位置エネルギーから運動エネルギーへ、そして電気エネルギーへとエネルギー変換を行い発電します。水は河川を通って海に流されますが、海水は太陽のエネルギーで水蒸気として蒸発し、雲となり雨として野山へと水の循環が行われます（**上図**）。その意味では、水力エネルギーとしての水循環は、太陽エネルギーと重力エネルギーにより駆動されています。また、太陽エネルギーは、究極的には太陽内部の核融合反応エネルギーとしての強い力の利用です。

　水力のパワーは、貯水池と水車との有効な高低差 H〔m〕で流量 Q〔m³/s〕としたときには $P=\rho gQH$〔W〕であり、これを理論水力と呼びます（**下図**）。ここで ρ は水の密度（＝1000kg/m³）、g は重力加速度（＝9.8m/s²）であり、kW単位の表式では水力パワーは $P=9.8QH$〔kW〕となります。位置エネルギーが運動エネルギーに変換されるとして、理論水力は流水路の断面積 A に比例し、有効落差 H の3/2乗に比例することがわかります（**下図**）。

▶▶ 小水力発電とマイクロ水力発電

　水力発電は、長期間にわたり安定に発電可能であり、再生可能で純国産のクリーンな電源です。近年は大型ダムの建設は環境破壊と経済性の2つの課題をかかえており、容易ではありません。また、大規模開発に適した国内の地点での建設はほぼ完了しており、現在は中小規模の水力発電の開発が中心となっています。特に、小水力発電（千キロワット以下）やマイクロ水力発電（百キロワット以下）は分散型の国産の再生エネルギー発電であり、太陽光発電や風力発電と異なり、天候に依存しない安定した発電が可能です。小水力発電としては、農業用水や工業用水の利用、水道やダム側道での利用があります。21世紀の小水力発電開発は、地球環境問題の解決などのさまざまな観点から推進されてきています。

3-5 水力発電の仕組み（流水運動から電気へ）

水のリサイクル

水循環のエネルギー源は、太陽光と地球重力

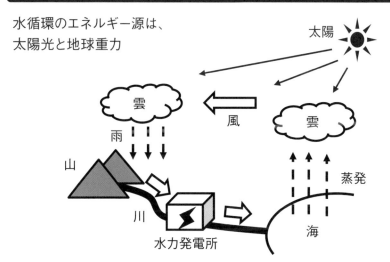

位置エネルギーから運動エネルギーへ、そして電気エネルギーに変換

理論水力の表式

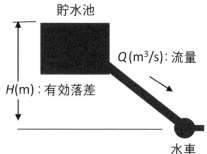

貯水池
H(m)：有効落差
Q(m³/s)：流量
水車

ある時間 Δt(s)での移動水量と仕事は
水の密度 ρ(=1000 kg/m³)、
重力加速度を g(=9.8m/s²)として
　移動水量　$M=\rho Q \Delta t$(kg)
　仕事　$W=MgH$(J)

したがって、パワー P(W) は
$$P = W/\Delta t = \rho g Q H$$

kW 単位での理論水力は
$$P = 9.8QH \text{ (kW)}$$

$$\left[\begin{array}{l}\text{位置エネルギー}\quad MgH \text{ が}\\\text{運動エネルギー}\quad (1/2)Mv^2 \text{に変換}\\\qquad MgH=(1/2)Mv^2\\\text{したがって、}\quad v=(2gH)^{1/2}\end{array}\right]$$

流水路の断面積を A(m²)、
流速を v(m/s)として、
$$Q=Av=A(2gH)^{1/2}$$
したがって $P \propto AH^{3/2}$

3-6 <現状編>

風力発電の仕組み
（気体運動から電気へ）

風の力学エネルギー（仕事）から電気エネルギー（電力）を得る風力発電では、
設置場所、環境問題、大型化などから、従来型の陸上発電から洋上の固定式へ、
さらには、洋上浮体式発電へと開発が進められてきています。

▶▶ 風力発電のベッツの法則

風の流れをすべて風車で止めると、風車の下流側に風が流れないので風車が回転
しません。風量の2/3を風車の回転力に変え、1/3を下流にだすときに風車は最大
の運動エネルギーを取りだすことができます。これは、1920年にドイツのアル
バート・ベッツにより提唱された「**ベッツの理論限界則**」です（**上図**）。プロペラ型
風車の理想効率はおよそ59%です。風車で得られるエネルギーの時間変化（出力
パワー）は、風車のロータの回転直径の2乗と風速の3乗とに比例します。たとえ
ば、直径100メートルの大型風車に毎秒10メートルの風が吹くとき、ベッツ限界
則から約3メガワットの出力が得られます。実際の風車では、ロータ周速と風速と
の比や、風車の形式（3枚羽プロペラ型が主流）に強く依存しています。

▶▶ 浮体式洋上風力発電

陸から海へと離れていくほど風はより強くなり、より安定します。洋上では設置
場所の制約が少なく、大型風車の導入が比較的容易で、高い設備利用率を期待でき
ます。**洋上風力発電**には、水深およそ50メートルまでで海底に固定する「着床式」
と、それ以上深いところでは大きな浮きに風車を設置する「浮体式」があります。
ヨーロッパの洋上風力はほとんどが30メートル以下の着床式ですが、日本では潜
在的な洋上風力発電資源の8割近くが水深60メートル以上の海域にあり、浮体式
の風力発電の開発が必須となっています。

風力発電の出力をブレード周回円の面積で割った比として**比出力**を定義できま
す。これはロータ径には依存せず、風速のみに依存します。洋上風力では、この比出
力を大きくすることができ、将来的に200～300メートルのロータ径で、15～
30メガワットの巨大風車の技術開発が進められています（**下図**）。

3-6 風力発電の仕組み（気体運動から電気へ）

風力発電のエネルギー効率

ベッツの理論限界則

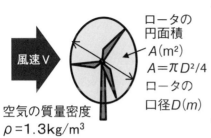

風速 V
ロータの円面積 $A(m^2)$
$A = \pi D^2 / 4$
ロータの口径 $D(m)$
空気の質量密度 $\rho = 1.3 kg/m^3$

風車が受け止める風のパワー $P(W)$
$P = (1/2) MV^2$
$M(kg/s)$ は単位時間に風車が受ける空気の量（ρAV）
$V(m/s)$ は風速

ベッツの理論限界則
$P = (1/2) CMV^2$　$C \leq 16/27 \sim 0.59$
$\leq 0.30 D^2 V^3$

発電出力と比出力

発電出力 P は、風速 V が2倍になれば8倍
　　　　　直径 D が2倍になれば4倍

比出力
陸上　250 ～ 300 W/m²
洋上　350 ～ 400 W/m²
　（洋上は風が強い）

比出力（specific power）P/A は、直径 D に依存せず、風速 V に依存

風力発電の大型化の進展

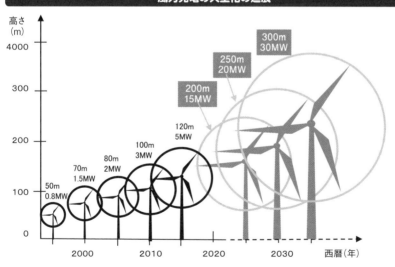

比出力（specific power）＝出力をロータの円面積で割った値
　陸上　250 ～ 300 W/m²
　洋上　350 ～ 400 W/m²

3-7 <現状編>

潮汐、波力、海流発電の仕組み（海水運動から電気へ）

海水の運動エネルギーを電気エネルギーに変換するシステムとして、潮汐力、波力、海流力の発電があります。これらのエネルギー源は、地球の重力と太陽エネルギーです。

▶▶ 海洋エネルギーの特徴

海に囲まれている日本では海洋のエネルギー利用が有用であり、さまざまな方式が開発されてきています。エネルギー以外の海洋資源の活用も期待されています。海洋の力学的エネルギー利用として、月の引力による「潮汐（潮力）発電」、太陽エネルギーによる温度や気圧の変化に起因する「波浪（波力）発電」や「海流発電」があります。熱エネルギー利用型の「海洋温度差発電」や、化学エネルギー利用型の「塩分濃度差発電」もあり、脱炭素化の自然エネルギーとして期待が集まっています。

▶▶ さまざまな海洋エネルギー発電

海洋エネルギーの発電利用のいくつかの例を右ページに示しています。潮の干満での海水の流れ（潮汐流）を利用した「潮力発電」（上図）があります。地球と月や太陽との引力エネルギーに起因した自然エネルギー発電であり、貯水池と海水面との落差を利用します。海外ではさまざまな場所で発電がなされてきています。

「波力発電」（中図）では、波の上下運動の運動エネルギーを電気に変換する方式です。閉じた空間での空気の振動に変換してタービンを回す振動水柱型や、波が堤防を越えて貯留池に海水を入れて流れを利用して発電機を回す越波固定型もあります。いかにコストを下げるかが課題となっています。

海流自体の運動エネルギーを利用する「海流発電」もあります。浮体式発電機を深度50mほどに設置して発電します（下図）。海洋の流れは大気と同様に規則的な変動が見られます。しかし、大気と異なり1000年以上の長い期間の変動（たとえば、深層水の動き）があります。海洋エネルギーは天候に左右されない利点があるものの、エネルギー密度が低くて効率が悪く、かつ小型の設備しか作れないので経済的にも課題があります。

3-7 潮汐、波力、海流発電の仕組み（海水運動から電気へ）

潮力発電

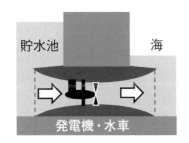
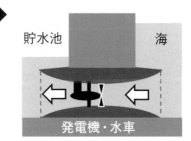

波力発電

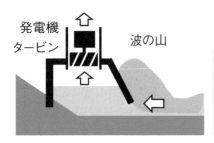
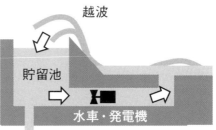

海流発電

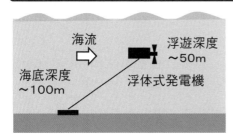

海洋エネルギーとしては上記のほかに、

洋上風力発電（風力エネルギー利用）、

海洋温度差発電（熱エネルギー利用）

塩分濃度発電（浸透圧利用）

がある

3-8 <現状編>

身近な力学エネルギーの利用
(力学環境発電)

未利用エネルギーとして、熱エネルギーや力学エネルギーは身近な環境にあふれています。熱と異なり、後者は効率よく利用できる可能性があります。小さな重力や人間の運動によるエネルギーが発電に利用されています。

▶▶ 歩行による力学環境発電

かつて、手の振りなどを半円形のおもりの回転エネルギーに変換してゼンマイを巻く自動巻き機械式腕時計がありました。その後、水晶 (クォーツ) 式の自動巻き電気腕時計が現れ、おもりの回転をギアによりロータ回転速度を100倍ほどに増やして、電磁誘導で発電された電力をボタン電池に蓄電して、腕時計を動かしています。最近では、太陽光発電や体温熱電発電も腕時計に用いられています。

未利用の微小な力学エネルギー利用の例として、人々の運動を利用した**床振動発電**もあります。歩道や駅の改札口での床の振動のエネルギーを、圧電 (ピエゾ) 素子や電磁誘導素子を用いて電気エネルギーに変換して利用する発電床が開発されてきました (**上図上段**)。2000年初めに、JR東日本の東京駅の丸の内北口で実証実験が行われました。**発電靴**としてのスマートブーツも製品化されています。LED点灯やスマホ充電に微小電力が用いられています (**上図下段**)。

▶▶ 流水による力学環境発電

水流や音のエネルギーも利用可能です。羽根車を用いた側溝での小規模の水力発電や、音響素子による音響発電も力学環境発電の例です。手をかざすと自動的に水がでる「スマート蛇口」があります。トイレなどでの蛇口での自動流水発電として実用化されています (**下図**)。赤外線センサや水流制御の微小電力が、この水流による小型水車での力学環境発電によりまかなわれています。

ここで、環境にあふれている希薄なエネルギーを利用する発電は**環境発電**と呼ばれていますが、スマホの手回し充電器は発電を主目的としているので「人力発電」であり、狭義の「環境発電」とは区別されています。自転車での電灯用のダイナモ発電機は未利用のエネルギーを利用しているので環境発電といえます。

3-8 身近な力学エネルギーの利用（力学環境発電）

歩行による環境発電システム

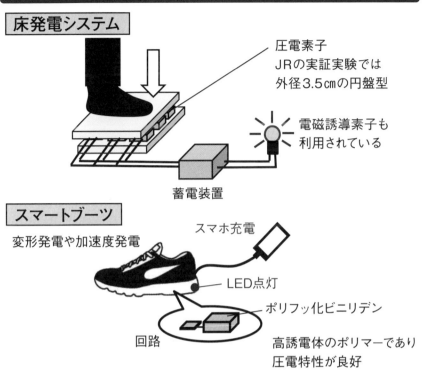

流水の環境発電

自動水栓での流水発電（歴史的事例）

1980年代にINAX（現LIXIL）が特許開発

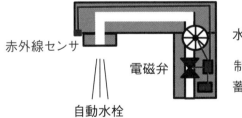

電源不要の水流発電の商品名
　INAX（現LIXIL）の「アクエナジー」
　TOTOの「アクアオート・エコ」

COLUMN 3

映画の中のエネルギー（3）

小惑星が地球に衝突する？
― 映画『アルマゲドン』（1998年）―

　自然現象の危険（ナチュラル・ハザード）としては、地下からの地震や火山噴火、海に関連した津波や高潮、気象に関連する暴風雨、竜巻、雷、そして、天上からの隕石落下、太陽爆発などがあります。これらが人間社会に被害をおよぼすとき、自然災害（ナチュラル・ディザスター）と呼ばれます。

　小惑星の地球への衝突により恐竜が絶滅したとの考えはよく知られています。1998年の映画『アルマゲドン』は、人類にもそのような可能性がありえることを描いています。映画では、テキサス州に匹敵する大きさをもつ巨大アステロイド（小惑星）が地球に接近し、ニューヨークが無数の隕石群に包まれます。滅亡の危機に瀕した地球を救うために、核弾頭による小惑星爆破に立ち上がるヒューマン・アドベンチャーの映画です。

　恐竜の絶滅は、6,500万年前（中生代白亜紀と新生代第三紀の境界）にメキシコのユカタン半島に直径15kmの巨大隕石が衝突したことが原因で、急激な気象変動が起こったことによるものと考えられています。隕石の衝突は、小惑星からのイリジウムや衝突で変質した石英の発見で科学的に立証されています。毎秒20kmの速度（弾丸の約20倍）で放出エネルギーは10^{23-24}ジュール（広島型原爆の10億倍）に達し、マグニチュード11以上の地震で、高さ300メートルの津波が起こり、硫酸塩や煤が大気中へ舞い上がって、酸性雨や寒冷化が起きたと考えられています。小惑星の衝突の脅威は衝突確率と衝突エネルギーの規模で決められた指標「トリノスケール」で示されますが、未来に向けてのスペースガードが必要となってきています。

小惑星の衝突と人類滅亡の危機

『アルマゲドン』
原題：Armageddon
製作：1998年　米国
監督：マイケル・ベイ
主演：ブルース・ウィリス
主題歌：エアロ・スミス「ミス・ア・シング」
配給：ブエナ・ビスタ・ピクチャーズ

第4章

〈現状編〉
熱エネルギーの利用と変換

エネルギーの利用に際して、さまざまな場面で熱が発生します。熱の正体を考え、その利用と蓄熱について説明します。特に、熱機関や直接的な熱発電の仕組み、熱化学反応の原理について説明します。ヒートポンプによる効率的な冷暖房や、身近な熱エネルギーの利用についても述べます。

4-1 ＜現状編＞

熱エネルギーの歴史

熱は基本粒子「カロリック（熱素）」により論じられてきました。しかし、熱も力学エネルギーに変換できることがワットの蒸気機関により実証され、熱を含めてエネルギー保存則が確立されてきました。

▶▶ フロギストン説とカロリック説

物が燃えるのは、そこに燃えるもととなる物質（燃素、**フロギストン**）があるというフロギストン説がありました。それと同様に、熱の基本粒子は「**カロリック（熱素）**」であるからとの考えが、長い間信じられてきました。フロギストン説を打破したラボアジエも、このカロリック説を信じていました。実際に、カロリックの考えで、温度変化を容易に矛盾なく計算することができ、熱量保存の法則を理解できたからです。高温物質から低温物質にカロリックが移動したと考えることができ、カロリックの量は変わらないと考えることができました。しかし、物体を擦るとカロリックが物体からにじみでてくるので熱くなると考えられますが、擦り続けるといつまでもカロリックが出続けると考えることには少し無理がありました。また、カロリックが出続けると重さが軽くなることにもなります。

▶▶ 熱力学の歴史と熱力学の法則

気体を構成する分子や原子は自由に運動し、その粒子の大きさが無視でき分子間力などの相互作用がないとした場合の気体を**理想気体**と呼びます。熱力学の現象論としてボイル・シャルルの法則などが提案されてきました。現在、熱力学の法則は第0から第3までの4つの法則にまとめられます（**下図**）。熱力学第1法則はエネルギーを含めての熱エネルギー保存則であり、第2法則は熱量と温度との比としてのエントロピー増大の法則です。

物質を構成する原子・分子は乱雑に運動（熱運動）しており、内部にエネルギーをもっています。**気体分子運動論**と呼ばれる手法で、多粒子の振る舞いを解析され、熱平衡状態では速度分布関数はボルツマン分布となります。多くの粒子の振る舞いは確率論的となり、これらの研究が不確定性原理や量子力学的理論へと発展することになりました。

熱学の歴史的展開

燃素（フロギストン説）と熱素（カロリック説）
　　摩擦で熱素がいつまでも染みだすのか？

力学と熱学
　マイヤーとジュールによるエネルギー保存則
　ジュールの「熱の仕事当量」実験

熱力学の成立
　　熱力学の3法則
　　理想気体の法則

熱統計力学への展開

量子力学への発展

熱力学の法則

熱力学第0法則 （三体間熱平衡の法則）	AとBが熱平衡でBとCが熱平衡の場合には、AとCも熱平衡である
熱力学第1法則 （エネルギー保存の法則）	系のエネルギー変化は、系が外界から受け取るエネルギーに等しい 　　（第1種永久機関が不可能） 　　エネルギー　$Q_1 = Q_2 + W$
熱力学第2法則 （エントロピー増大の法則）	断熱系ではエントロピーはかならず増大し、可逆過程ではエントロピーの変化はゼロである 　　（第2種永久機関が不可能） 　　エントロピー　$Q_1 / T_1 \leq Q_2 / T_2$
熱力学第3法則 （ネルンストの定理）	極低温での法則であり、「絶対零度の系のエントロピーは常にゼロ」である

4-2 <現状編>

熱エネルギーの正体

熱は長い間「熱素」として考えられてきましたが、そもそも「熱」の正体はなんでしょうか？　「熱がでた」と言ったりしますが、熱と温度の違いについても考えてみましょう。

▶▶ 分子運動と熱エネルギー

　「熱」と「温度」とは異なる概念ですが、日常生活では、しばしば熱と温度を区別せずに使う場合があります。風邪のときに普通に「熱がある」と言ったり「熱を測る」と言ったりしますが、「温度（体温）が高い」、「温度を測る」が科学的に正確な言い方です。物質を構成する原子・分子は乱雑に運動しており、内部にエネルギーをもっています。これは**熱運動**と呼ばれ、熱エネルギーの源です。固体内でも原子や分子が熱運動により激しく乱雑に振動しています。熱を加えて温度を高めていくと、固体から液体、気体、そしてプラズマ（電離気体）へと4態の変化が起こります（**上図**）。熱運動を用いて熱と温度とを定義すると、**熱**とは「移動した熱運動のエネルギー」の物理量（**示量変数**）であり、**温度**とは「熱運動のはげしさ」を示した状態量（**示強変数**）です。

▶▶ 熱、熱容量、温度差

　熱の量を熱量といい、水1gの温度を1℃上げるのに必要な温度を1カロリー（記号cal）と定めますが、物理ではおもにジュール（記号J）が用いられます。1カロリーに対する仕事の量は「**熱の仕事当量**」と呼ばれます（**下図上段**）。

　物体に熱を加える場合に、上昇温度と熱量とは比例しますが、その比例係数（**熱容量**）の大小により、温まりやすさや、冷めやすさが異なってきます。熱容量は、物質特有の比熱と物体の質量との積で表されます（**下図中段**）。1グラムの物質の温度を1度上げる熱量が**比熱**です。

　熱運動の激しさを表す温度として、通常使われているセルシウス温度（℃）、欧米で使われているファレンハイト温度（°F）、熱力学的に重要な絶対温度ケルビン（K）があります（**下図下段**）。℃は水の氷点と沸点とを基準として定義され、Kは原子や分子の運動がまったくない状態をゼロとして、℃の刻み幅で定義されています。

4-2 熱エネルギーの正体

熱の正体：分子の運動

熱エネルギー

分子や原子の
ランダムな運動の
エネルギー

H₂O分子の運動

振動　　　並進　　　回転

物質の4態

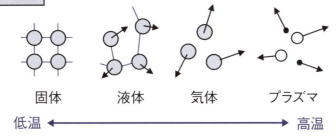

固体　　液体　　気体　　プラズマ

低温 ←――――――――――→ 高温

熱量と温度の関係式

熱量　＝　移動した熱エネルギー（示量変数）
温度　＝　熱運動のはげしさ（示強変数）

熱量

1カロリー（cal）＝水1グラムを温度1℃上げる熱量
1ジュール（J）＝物体を1ニュートンの力で
　　　　　　　　1メートル動かすエネルギー量
熱の仕事当量（1カロリーの仕事量）
　　1カロリー＝4.18ジュール

熱容量

熱容量　＝　質量×比熱　　　　　$C = m \times c$
熱量　　＝　熱容量×温度変化　　$Q = C \times \Delta T$

　気体では　　定積比熱 c_v ＜ 定圧比熱 c_p
　固体と液体では　定積比熱 c_v ～ 定圧比熱 c_p
　水の比熱＝4.18J/（g・K）

温度

セルシウス温度（℃）
ファレンハイト温度（℉）
絶対温度（K）

```
水の氷点　0℃＝32℉＝273.15K
水の沸点　100℃＝212℉＝373.15K
絶対零度　0K＝－273.15℃
```

4-3 <現状編>

熱エネルギーの利用と蓄熱

熱エネルギーは、暖房はもとより、熱気球などの運動へのエネルギー変換技術として、古くから利用されてきました。産業革命以降、蒸気機関による機関車駆動や火力発電に利用されてきました。

▶▶ 熱エネルギーの利用と変換

　古代人はきりもみ式や弓切り式（水平運動）、舞ぎり式（上下運動）などの火起こし器を使って、摩擦運動により熱を起こし、綿くずなどを燃焼させていました。現代では、マッチやライターで力学エネルギーにより容易に火を起こすことができます。炭化水素の化学燃焼ではCO_2が発生しますが、電気を利用すればCO_2の排出はありません。特にIH（誘導加熱）調理器では安全で、しかも高効率の加熱が期待できます。実際のエネルギー変換では、無効なエネルギー（アネルギー）として、さまざまな過程で熱が発生します。たとえば、私たちが運動することで体内での代謝エネルギーが増えて、体内に熱が発生されます。

　熱の利用は、三国時代の諸葛孔明が考案したとされる天灯（**コラム4**）や、中世の熱気球による飛行船などの運動エネルギーへの変換応用がなされてきました。近代の蒸気機関の発明は革新的であり、現代では熱機関による火力発電が大規模に行われてきています。小型の発電には、さまざまな熱電素子が利用されてきています。

▶▶ 熱エネルギーの貯蔵（蓄熱）

　現代では、温熱や冷熱の保存は電気を用いての保温槽や冷蔵庫により容易ですが、大量の**蓄熱**は容易ではありません。太陽熱発電では、太陽のでない夜間の電力供給が困難なので、大容量の蓄熱装置を設置して運用されています。江戸時代の夏に江戸の将軍家へ雪氷の献上を行った加賀藩の氷室も、冷熱の貯蔵という意味で蓄冷装置に相当します。

　蓄熱には、顕熱蓄熱、潜熱蓄熱、化学蓄熱があります。湯たんぽは顕熱利用ですが蓄熱密度は高くなりません。化学反応での発熱・吸熱反応も利用できます。蓄熱密度の高い潜熱蓄熱材（PCM：Phase Change Material）として、パラフィンやクラスレートハイドレート（包接水和物）が使われています。

4-3 熱エネルギーの利用と蓄熱

熱エネルギーの変換

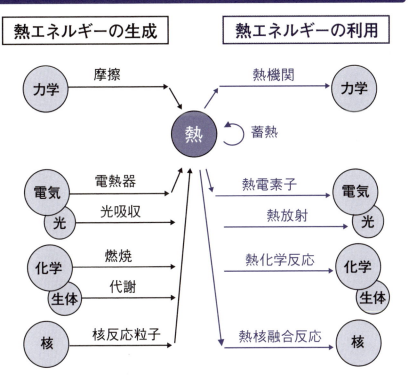

熱エネルギーの貯蔵

蓄熱（蓄冷）槽
氷室（ひむろ）　　江戸時代の加賀藩

蓄熱方式	蓄熱材
顕熱蓄熱	水
潜熱蓄熱	氷、パラフィン、クラスレート（包接化合物）
化学蓄熱	酸化カルシウム ⇌ 水酸化カルシウム

4-4 ＜現状編＞

熱機関の原理（熱から運動へ）

熱機関とは、熱を運動に変換する装置です。熱エネルギーは分子の運動エネルギーで統計的な乱雑なエネルギーであり、環境の乱雑エネルギーとの比較から、一方向への運動エネルギーへの変換効率は高くはありません。

▶▶ 熱機関の原理

エネルギーは相互に変換できますが、力学エネルギーや電磁エネルギーと異なり、熱エネルギーは、ほかのエネルギーへの変換効率は高くありません。熱エネルギーを力学エネルギーに変換する熱機関について考えます。高温源からの流入熱量Q_H、低温熱源への排出熱量Q_Lとして、仕事Wがなされる熱機関を考えます（**上図**）。熱効率ηはWとQ_Hの比で表され、第1法則（エネルギー保存則）から、仕事Wは使われた熱量$Q_H - Q_L$に等しく、第2法則（エントロピー増大の法則）からエントロピー（乱雑さ）は$Q_H/T_H \leqq Q_L/T_L$となるので、$\eta \leqq 1 - T_L/T_H$が得られます。この式で等号は理想的な可逆サイクル（**カルノーサイクル**）の場合であり、熱効率が最大の場合となります。

▶▶ 熱効率最大の理想のカルノーサイクル

熱エネルギーを仕事（力学エネルギー）に変える装置は「**熱機関**」と呼ばれ、火力発電での蒸気タービン（回転原動機）や自動車での内燃機関エンジンなどがあります。熱機関は高温部分から熱量をとりだし仕事に変換して残りの熱量を排出します（**上図**）。熱機関のサイクルは「圧縮→加熱→膨張→冷却→圧縮・・・」の順番ですが、サイクルの状態変化は、断熱/等温、等積/等圧のいずれかです。熱機関のサイクルは、$p\text{-}V$（圧力－体積）線図や$T\text{-}S$（温度－エントロピー）線図で表され、熱機関としての最高効率が得られるのは、可逆プロセスとして$T\text{-}S$線図が長方形の**カルノーサイクル**です（**下図**）。等温圧縮・等温膨張と断熱（等エントロピー）圧縮・断熱膨張の4つの準静的なプロセスから成り立っています。熱効率の最大値は高低の温度差と高温度との比で決まり、**カルノー効率**と呼ばれます。たとえば、高温部300℃（573K）、低温部100℃（373K）の熱機関の最大理論効率は35％になります。

4-4 熱機関の原理（熱から運動へ）

熱機関の原理

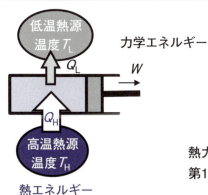

熱効率 $\eta = W/Q_H = (Q_H - Q_L)/Q_H$
（第1法則より）

$\eta = 1 - Q_L/Q_H \leq 1 - T_L/T_H$
（第2法則含めて）

熱が加わると、気体が膨張して外部に仕事をする

熱力学の3法則
第1法則＝エネルギー保存の法則
　　エネルギー　$Q_H = Q_L + W$
第2法則＝エントロピー増大の法則
　　エントロピー　$Q_H/T_H \leq Q_L/T_L$
第3法則＝絶対ゼロ度でエントロピーはゼロ

理想のカルノーサイクル

1824年にフランスの
ニコラ・カルノーが考案

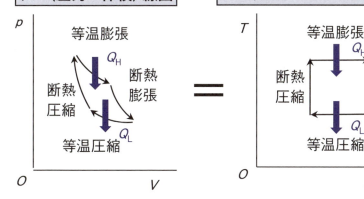

等温条件:
　　$pV = $ 一定、または、$T = $ 一定
断熱条件:
　　$pV^\gamma = $ 一定、または、$S = $ 一定
　　（γ は定圧比熱と定積比熱の比）

カルノーの理想効率
$\eta_C = (T_H - T_L)/T_H$

4-5 　　　　　　　　　　　　　　　　　　　　　＜現状編＞

熱発電の原理（熱から直接電気へ）

熱から電気へのエネルギー変換には、熱機関により「熱→運動→電気」のエネルギー変換が行われますが、熱電素子により「熱→電気」の直接変換が可能であり、微小電力の発電に利用されています。

▶▶ ゼーベック効果

　物体を加熱すると、高温部分ではキャリアと呼ばれる負の電荷をもつ自由電子（または正の電荷をもつ正孔）が生まれます。一方、温度の低い部分ではキャリアが発生せず、高温と低温部分ではキャリアの密度のバランスが崩れ、キャリアの流れが生じます。キャリアが冷却低温部分にたまり、飽和することになります。高温加熱部分では、キャリアがなくなり逆の電荷を帯びることになり、高温端と低温端との間で電圧が生じます。これが**ゼーベック効果**です（**上図**）。発生する電圧は高温端と低温端との温度差に比例します。したがって、誘起される電圧と温度差との比例係数Sは**ゼーベック係数**と呼ばれ、値が大きいほど良い熱電変換材料といえます。

　キャリアが電子となるか正孔となるかで、発生する電圧の符号が異なります。熱電材料にn型半導体を用いると、キャリアが電子となり、熱流の方向と自由電子の流れは同じとなり、熱流の方向と電圧の方向とは逆となるので、ゼーベック係数Sが負となります。p型半導体ではキャリアが正孔でSは正となります。n型とp型とを交互に多数直列接続することで、電圧を大きくすることができます。ゼーベック半導体素子のほかに、磁気、スピン流、焦電体、熱電子、光などを利用しての熱からの発電も、広義の熱電発電といえます。

▶▶ 熱電発電の実用化条件

　ゼーベック熱電素子の実用化に際しては、ゼーベック係数Sを大きくし、電気伝導率σを大きくして、出力を上げる必要があります。また、熱伝導を極力抑えるために熱伝導率κを小さくする必要があります。この性能指数Z（単位は絶対温度の逆数）と絶対温度Tとの積（無次元性能指数）ZTが1以上であることが実用化の目安です（**下図**）。そのための新材料の開発が続けられています。

4-5 熱発電の原理（熱から直接電気へ）

ゼーベック効果

1821年にエストニアの
トーマス・ゼーベックにより発見

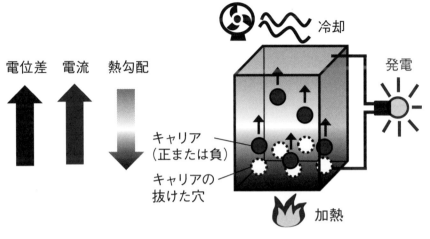

n型半導体ではキャリアは自由電子
p型半導体ではキャリアは正孔（ホール）

熱電発電の実用化条件

無次元性能指数 $ZT > 1$

性能指数 $Z = \dfrac{\sigma S^2}{\kappa}$

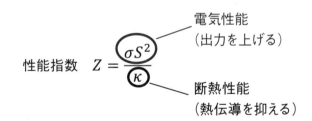

- σS^2：電気性能（出力を上げる）
- κ：断熱性能（熱伝導を抑える）

σ：電気伝導率（電気抵抗率 ρ の逆数）
S：ゼーベック係数＝誘起電圧/温度差
κ：熱伝導率＝熱の流量/温度差

4-6 <現状編>

熱化学反応の原理（熱から化学へ）

化学反応では、発熱や吸熱反応があり、化学エネルギーの一部と熱エネルギーとが交換されます。化学エネルギー自体は、分子や原子が電磁力で結合されているので、物質内部の電磁力を源とするエネルギーに相当します。

▶▶ 熱化学反応とエネルギー図

熱化学反応では、反応物から生成物になる反応で「熱」が発生します。反応物、生成物には化学的なエネルギーが内在しており、両者のエネルギー差が熱エネルギーです（**上図**）。エネルギーが高い物質は不安定であり、エネルギーが低い物質は安定なので、生成物が反応物よりも安定ならば発熱が、逆に不安定な生成物をつくる場合には熱を加える必要があります。一般的に、化学エネルギーの高い順に、「イオン＞原子＞単体＞化合物＞完全燃焼後の物質＞水和物」となります。

物質を構成する分子は、原子核の周りを回る負電荷の電子と正電荷の原子核とでできた原子の組み合わせでできており、原子間の結合には、強さの順に「イオン結合＞共有結合＞配位結合＞金属結合」があり、それぞれ原子の最外殻電子が関連しています。また、さらに弱い力として、分子間に働く力には「水素結合＞ファンデルワールス力」があり、物質の融点・沸点などと関連しています。分子と化学の日常のエネルギーは、この電磁力を源とする化学エネルギーです。

▶▶ エネルギー図とヘスの法則（総熱量保存の法則）

化学エネルギーと発熱・吸熱の関係をエネルギー図に示すことができます。例として、気体のメタンが燃焼して発熱して二酸化炭素と液体の水ができる場合と、逆反応として、エネルギーの低い気体の二酸化炭素と液体の水から気体のメタンと酸素をつくる脱炭素化のための**メタネーション反応**が示されています（**下図**）。発熱と吸熱はともに同じ熱量となります。

さまざまな化学反応では、熱量と化学エネルギーとを含めてエネルギーの保存が成り立ちますが、物質が変化するときに出入りする総熱量は、最初の反応物と最終の生成物とだけで決まり、その変化の経路や方法には依存しないという「**ヘスの法則**」があります。

4-6 熱化学反応の原理（熱から化学へ）

発熱反応と吸熱反応

吸熱反応：熱エネルギーから化学エネルギーへ
発熱反応：化学エネルギーから熱エネルギーへ

化学結合

原子間結合：共有結合（配位結合）、イオン結合、金属結合
分子間結合：水素結合、ファンデルワールス力

メタンの反応例

メタンの燃焼（発熱反応）

熱化学方程式
　　CH_4(気) $+ 2O_2$(気) $= CO_2$(気) $+ 2H_2O$(液) $+ 891kJ$

エネルギー図

$CH_4 + 2O_2$
↓ ⇒ $CH_4 + 2O_2 \rightarrow CO_2 + 2H_2O + 891kJ$
　　　発熱（891kJ）
$CO_2 + 2H_2O$

脱炭素化のためのメタネーション（吸熱反応）

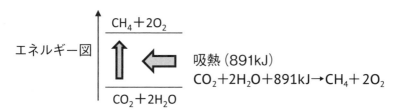

吸熱（891kJ）
$CO_2 + 2H_2O + 891kJ \rightarrow CH_4 + 2O_2$

4-7　　　　　　　　　　＜現状編＞

太陽熱発電の仕組み
（熱利用の発電例1）

身近な太陽熱利用としては、給湯、冷暖房や海水の淡水化などへの適用がありますが、熱利用としての太陽熱発電もあります。太陽光エネルギーは可視光領域に集中していますが、熱エネルギーとして利用することになります。

▶▶ 太陽熱発電の仕組み

太陽エネルギーを熱として利用して発電する**太陽熱発電**は、集熱器に太陽光を熱として集め、熱エネルギーを蓄熱装置に貯蔵し、蒸気による熱機関を駆動して力学エネルギーに変え、タービンを回し発電を行います。この原理は、集熱と蓄熱以外は火力発電システムに類似しています。太陽光のパワーは、地球に垂直な面で1平方メートルあたり1.4キロワットであり、大気中の水蒸気や炭酸ガスによる吸収で地表では1平方メートルあたり1キロワットとなります。エネルギーは可視光領域に集中しているので、効率よく光を反射させて、黒化処理を行った集熱器で熱エネルギーとして集める必要があります。また、太陽エネルギーは天候に依存して不安定ですが、蓄熱装置のおかげで昼夜一貫しての発電が可能となります。

▶▶ 集光、集熱システム

太陽エネルギーを利用する点では、太陽光発電（太陽電池利用）も太陽熱発電（熱機関利用）も同じですが、集光システムに違いがあります。太陽電池のアレイは太陽光をもっとも効率よく受けるように方向・角度を固定して設置します。太陽熱発電の場合の集光には、細長い円筒鏡（トラフ）を用いた分散型、タワーを用いた集中型、放物曲面鏡のディスク（鉢）型があります。トラフ・分散集熱型は建設が容易で低コストであり、大規模発電に利用されています。タワー・集中集熱型は太陽の動きにともないすべての平面反射鏡を駆動するヘリオスタット方式であり、高コストですが十万キロワット級の中規模発電がなされています。スターリングエンジン型の熱機関を利用してのディッシュ・局所集熱型は、コスト高ですが導入が容易です。大型の太陽熱発電プラントの建設ためには、日射の豊富な地点の選択と建設費の大幅な削減が課題となっています。

4-7　太陽熱発電の仕組み（熱利用の発電例1）

太陽熱発電のしくみ（熱から力学、電気へ）

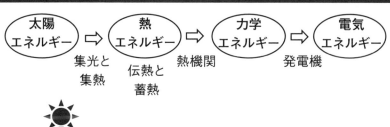

集光システム

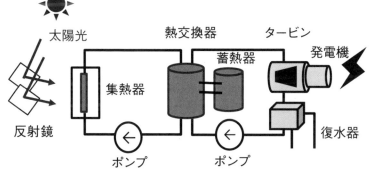

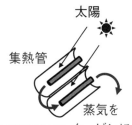

トラフ型　　（大規模～ 500MW）　建設が容易、低コスト
タワー型　　（中規模～ 100MW）　太陽追尾のヘリオスタット、高コスト
ディッシュ型　（小規模～ 100kW）　スターリングエンジン設置、高コストだ
　　　　　　　　　　　　　　　　が分散型で導入容易

4-8

＜現状編＞

地熱発電の仕組み（熱利用の発電例２）

火山の多い日本に適した国産の脱炭素化エネルギー源として地熱発電があります。二酸化炭素をほとんどださない再生可能エネルギーであり、太陽光発電と異なり、昼夜問わず安定な発電を続けられる特長があります。

▶▶ 地熱発電の仕組み

地熱発電では、地下のマグマの熱エネルギーを利用して発電を行います。地上で降った雨は、地下の高温マグマ層まで浸透すると、マグマの熱で蒸気になって地下数キロメートル付近にたまります。この高温の蒸気を取りだし、タービンを回すことで発電するのが一般的な「熱水発電」です。地熱発電用のタービンを回す方法には、地下の高温の熱水や蒸気を直接利用するフラッシュ方式（上図）と、低温の熱水と沸点の低い別の流体とを熱交換さるバイナリ方式があります（下図）。高温の地熱の場合にはシングルフラッシュ方式が適していますが、低温の地熱ではバイナリ方式が利用されています。以上の熱水発電のほかに、天然の熱水が少ない場合に水を注入して発電する「高温岩体発電」や、マグマだまりの高熱を直接利用する「マグマ発電」も開発が進められています。

▶▶ 地熱発電の特長とCCUSとの組み合わせ

環太平洋火山帯に位置する日本の地熱資源量は原子力発電所23基分にあたる2千3百万キロワット分があり、米国、インドネシアに次いで世界3位の規模です。ただし、現状の利用は国内電源の1%にもなりません。地熱発電に適した場所は、国立公園などの風光明媚な場所が多く、電源開発が規制されてしまいます。温泉の成分変化や湯の枯渇への影響も危惧されています。地熱発電では二酸化炭素は排出しませんが、さらに積極的に二酸化炭素削減のために、地熱発電とCCUS（二酸化炭素回収・利用・貯留）とを組み合わせて利用する開発が進められています。熱水がない場合でも、リサイクルされた二酸化炭素を圧入して熱回収して発電する方式です。圧入された二酸化炭素の一部は、地熱貯留層中に炭酸塩鉱物などとして固定されるため、カーボンニュートラルへの貢献も期待されています。

4-8 地熱発電の仕組み（熱利用の発電例2）

地熱発電のしくみ

種類	特徴
熱水発電 （フラッシュ方式、バイナリ方式） 高温岩体発電 マグマ発電	○天候に依存しない再生可能エネルギー ○国産化エネルギー ×大量の熱水使用で、温泉枯渇の危機 ×国立公園内などで開発困難

シングルフラッシュ方式 （高温の地熱用）

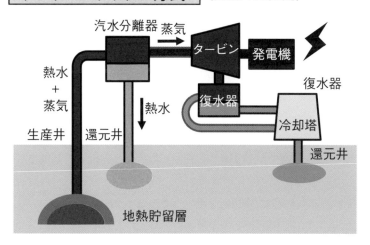

バイナリ方式 （低温の地熱用）

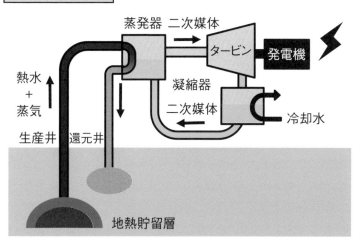

4-9   ＜現状編＞

冷暖房システムの仕組み（ヒートポンプ）

家庭部門での脱炭素化には電化が有効です。家庭の電力の内、冷暖房システムが3割を占めていますので、冷暖房を含めて省エネ家電を普及させることが、カーボンニュートラル達成の一助として期待されています。

▶▶ ヒートポンプの原理と省エネ

　液体が気化するときには周りから熱（気化熱）を奪い、逆に気体が凝縮して液化するときには熱（凝縮熱）を発生します。スプレー缶を使うと気化熱で缶が冷えたり、吸湿発熱繊維（ヒートテックなど）での発汗時の凝縮熱で保温できたりする現象です。この潜熱に顕熱の効果も含めて気体と液体の混合の冷媒を圧縮すると分子運動が激しくなり発熱します。逆に膨張させると分子運動は緩慢になり温度が下がります（**上図**）。ヒートポンプ技術はこの原理を使っています。

　セラミックで被覆された通常の電気ヒーター（**セラミックヒーター**）では、抵抗加熱の原理を利用するので電力がそのまま暖房の熱として利用されます。一方、**ヒートポンプ**では、室外空気の熱を利用して圧縮・膨張の電力だけで冷媒の温度を制御するので、小さな電力で大きな熱を移動させることができます。ヒートポンプのエネルギー効率は、消費電力量に対するエアコンでの熱・冷熱量の割合であるCOP（成績係数）で表現されます。

▶▶ ヒートポンプの加熱と冷房

　ヒートポンプエアコンの暖房は、蒸発器により室外の空気から温度の低い冷媒へエネルギーを吸収させ、それを圧縮機（コンプレッサー）により高温で高圧の圧縮液をつくり、凝縮器で室内に熱を移動させて暖房に利用します。冷媒は膨張弁で圧力を外気よりも低温に冷却します（**下図**）。熱量を運ぶ冷媒としては代替フロンなどが用いられます。電熱抵抗線による電気ストーブと異なり、システムの動力源に電気を使い大気の熱を移動させるだけなので、電力消費が少なく、高効率の暖房システムです。ヒートポンプ式エアコンの冷房では、熱の移動を暖房とは反対のサイクルで行います。

4-9 冷暖房システムの仕組み（ヒートポンプ）

ヒートポンプの原理

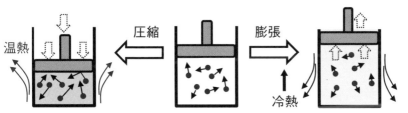

圧縮すると気体の分子運動が激しくなり、発熱する

膨張させると気体の分子運動がゆっくりとなり、冷却される

$$\text{COP（成績係数）} = \frac{\text{生成される熱パワー}}{\text{入力電力パワー}}$$

COP : Coefficient of Performance

ヒートポンプのエアコン

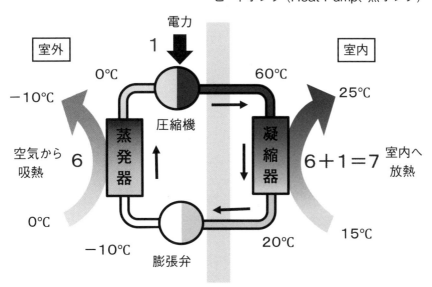

ヒートポンプ（Heat Pump、熱ポンプ）

電力量1と外気熱量6から、電力量の7倍の熱量を利用でき、省エネルギーを実現できる。
この例ではCOP7に相当する。

第4章 熱エネルギーの利用と変換

4-10 <現状編>

身近な熱エネルギーの利用
（熱環境発電）

太古の昔、太陽の光と熱は暗闇と寒さから人類を守るためになくてはならない
エネルギーでした。太陽熱の利用は今日でも身近に使われています。給湯、冷暖
房、発電、そして海水淡水化などです。

▶▶ 太陽熱の身近な利用

太陽エネルギーは希薄で間欠的なので低温度で利用するのが経済的です。集熱器
で水などの熱媒を暖めて蓄熱槽に熱エネルギーとして蓄えます。家庭用の給湯や暖
房では50～60℃が利用されています。補助的なボイラーを用いて、浴室や洗面
所、台所へ温湯を送ります。また、床暖房などにも利用されています。

冷暖房システムには電力駆動のヒートポンプ技術（**4-9節**）が用いられますが、
太陽熱駆動のヒートポンプシステムも使われています。この場合にはやや高温（～
90℃）の熱湯が必要となります。

▶▶ 発電鍋と発電ストーブ

熱エネルギーによる環境発電（熱エネルギーハーベスティング）の実用的な事例
として「発電鍋」や「発電キャンプストーブ」などがあります。3.11の大震災以降
は、夜間も利用できる防災用品としても売りだされています。

煮炊きすると発電することができる「ワンダーポット」と呼ばれる発電鍋は、二
重底の内側に熱電変換素子が組み込まれています（**上図**）。この鍋に水を入れて火に
かけると、火の温度が500℃ほどであるのに対して、鍋の内側は100℃となるの
で、鍋の内と外で生じる温度差を利用して熱電変換素子により電気を起こすことが
できます。

キャンプ用品として、バイオライトの「キャンプストーブ」もあります（**下図**）。燃
焼→発電（蓄電）→ファン送風→燃焼→、のサイクルで効率的に焚き木を燃焼させ
て、同時に熱電発電も行われます。最大5ボルトで3ワットの発電された電力はリ
チウムイオン電池に充電しながらファン回転に利用され、余剰電力でUSB端子で
のLEDランプの点灯やスマホの充電が可能となります。

4-10 身近な熱エネルギーの利用（熱環境発電）

発電鍋

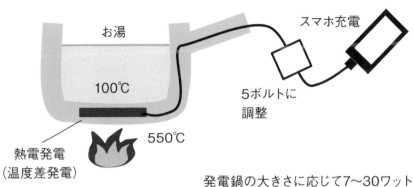

ワンダーポット30
ブランド名：TESニューエナジー

発電鍋の大きさに応じて7〜30ワットの出力が得られ、スマートフォンの充電やLEDライトの点灯などに使える

キャンプストーブ

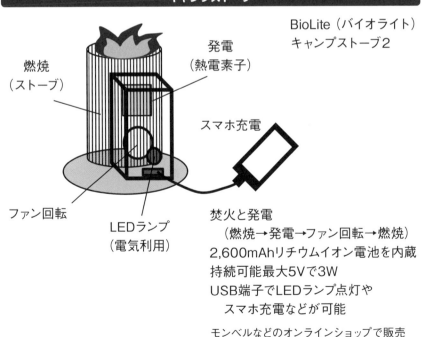

BioLite（バイオライト）
キャンプストーブ2

焚火と発電
　（燃焼→発電→ファン回転→燃焼）
2,600mAhリチウムイオン電池を内蔵
持続可能最大5Vで3W
USB端子でLEDランプ点灯や
　スマホ充電などが可能

モンベルなどのオンラインショップで販売

COLUMN 4

映画の中のエネルギー（4）

諸葛孔明が天灯を発明？
－映画『レッドクリフ PartⅡ 未来への最終決戦』（2009年）－

　現代では小型電動飛行機やドローンが活躍していますが、古くからは乗り物や通信に、熱エネルギーを使っての小気球やスカイランタン（天灯）が利用されてきました。祭礼としてタイのチェンマイでのランタン祭りは有名ですが、日本でも七夕や旧正月にランタン祭りをとり行っているところもあります。

　天灯は3世紀の中国の三国時代、蜀の諸葛亮（孔明）が魏の司馬懿（仲達）との戦いで通信用に考案したと伝えられています。三国志の戦いの中でもっとも有名なのが西暦208年の赤壁の戦いですが、蜀の劉備と呉の孫権の連合軍が、魏の曹操の軍と赤壁であいまみえることになります。

　映画『レッドクリフ』では、気象変化に熟知した軍師諸葛孔明が多くのランタンを飛ばす場面が描かれています。熱エネルギーを運動エネルギーに変換し、情報のエネルギーとして利用されたことになります。当時は、平和の象徴としての鳩も通信用伝書鳩として活用されていました。ディズニーのアニメ映画『塔の上のラプンツェル』（米国、2010年）でも、王国のお祝いに多くのランタンが打ち上げられるシーンが描かれています。

　古代の戦いでは、気象を読んでの水攻めや、風の向きをとらえての火攻めが使われていましたが、現代のような火薬はまだ使われていなかったので、火責め戦法として、魚の脂や硫黄が使われていたといわれています。映画では、大スターのトニー・レオンさん（周瑜役）や、父が日本、母が台湾の金城武さん（孔明役）が出演しており、絶世の美女としての小喬役のリン・チーリンさん、さらに、オリジナルな甘興役として中村獅童さんも出演されています。

赤壁の戦いでの
天灯による情報通信

『レッドクリフ　PartⅡ』
英題：Red Cliff Part Ⅱ
製作：2009年　中・日・韓・米
監督：ジョン・ウー
主演：トニー・レオン、金城 武
配給：東宝東和

第5章

＜現状編＞
電気エネルギーの利用と変換

電気の存在は古代から知られていました。その基礎を述べ、利用と蓄電について説明します。回転モータとリニアモータの違いや、IH調理器、LEDランプ、マイクロフォンとスピーカーについて触れ、電磁波を用いた情報・通信や電気自動車とガソリン車との違いについて説明します。

5-1 ＜現状編＞

電気エネルギーの歴史

私たち人類は「火」のエネルギーを手に入れ、寒さと夜の暗闇からの恐怖を乗り越え、農耕文明を築き上げてきました。そして、第二の火としての「電気」のエネルギーを手に入れて工業文明を発展させてきています。

▶▶ 古代の電気と磁気

　琥珀を動物の毛皮でこすると、琥珀は負の静電気を帯びます。古代ギリシャでは、琥珀は太陽の輝きの意味で**エレクトロン**と呼ばれていて、electricity（電気）の語源となりました。埃などを引きつけるこの静電気の力は自然哲学者のタレスも知っていたとされています。一方、magnetism（磁気）は古代ギリシャで発見されていた天然の磁鉱石の産地名**マグネシア**が語源です。

　近代では、磁気に関しては、**ギルバート**（英国）の球形磁石による地磁気のモデル実験がなされ、近代の電磁気学の先駆けとなりました。また、電気に関しては**フランクリン**（米国）の凧揚げ実験で雷の正体が電気現象であることが確かめられました（**上図**）。フランクリンは電気はプラスの1流体であると考えていて、現在の電流の定義の由来となりました。

▶▶ 電磁気学から特殊相対性理論へ

　18世紀から19世紀にかけて、電磁現象として、クーロンの法則（電荷と静電気力の関係）、ガウスの法則（磁束保存の法則）、アンペールの法則（電流と磁場の関係）、そして、ファラデーの電磁誘導の法則（磁束変化と電圧の関係）が発見され、1864年に**マクスウェル**（英国）により4つの電磁方程式として電磁気学が体系化されました。この方程式により、マクスウェルは電磁波の存在を予言し、19世紀後半にヘルツ（ドイツ）により電磁波の実証実験がなされました。

　光は波（電磁波）であると同時に粒子（光子）でもあります。20世紀初めには、光速一定の原理を用いて、**アインシュタイン**（ドイツ）により静止質量とエネルギーとの関係が明らかにされ、相対論的電磁力学へと発展されてきました（**下図**）。また、波と粒子の二重性から「量子」の概念が明確化され、量子力学へと展開されることになりました。

5-1 電気エネルギーの歴史

電気と磁気の歴史

古代ギリシャの静電気・静磁気（紀元前600年ごろ）

琥珀（エレクトロン）から電気　　磁鉱石はマグネシア地方産

ギルバートの球形磁石の
地磁気実験（1600年）

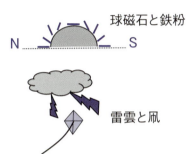

フランクリンの
凧揚げ実験（1752年）

電磁気学の現代的展開

　　クーロンの法則（1785年）
　　ガウスの磁束保存の法則
　　アンペールの法則（1820年）
　　電磁誘導の法則（1831年）

マクスウェルの電磁方程式（マクスウェル、1864年）
　　電磁気学の体系化

電磁波の実証実験（ヘルツ、1888年）

特殊相対性理論（アインシュタイン、1905年）
　　質量とエネルギーとの等価性

相対論的電磁力学

5-2 <現状編>

電気エネルギーの基礎

電荷や電流により作られる電場や磁場の様子を考え、その場の中での荷電粒子の運動を定める力（ローレンツ力）について説明します。また、電磁場の変動から生まれる電磁波のエネルギー保存について述べます。

▶▶ 電荷、電流と電磁場

電荷 Q（C、クーロン）の周りには放射状に電場 E（V/m、ボルト毎メータ）ができ、無限の直線電流 I（A、アンペア）からは周回方向の磁場 B（T、テスラ）が作られます。電場中に正の電荷を置いたときの力の大きさと方向に電気力線を矢印で描きます。磁場中に磁針を置いた場合の方向から磁力線が描けます。上記の場合、電場の強さも磁場に強さも半径 r（m）に反比例して、遠方で小さくなります（**上図上段**）。

一方、一様な強さの電磁場は、平行平板とソレノイドコイルで作られます。平行平板にプラスとマイナスの電荷 Q を帯電させた場合には、帯電平板に垂直で一様な電場ができ、電場の強さは電流面密度で定まります。同様に、ソレノイドコイルによる内部磁場は直線的で一様であり、磁場の強さはコイル電流と巻き線密度に比例します（**上図下段**）。

▶▶ 電磁場のエネルギーとパワー

電荷同士のクーロン力や、電流 I と磁場 B とのベクトル積としての力 $I \times B$ を定義することができます。これらの力について、テスト電荷 q（C）をもつ1個の粒子に働く力として、**ローレンツ力**が定義できます。この力を使って、電気エネルギーとしての電力量（J、ジュール）やパワーとしての電力（W＝J/s、ワット）が定義されます（**中図**）。

場の変動で電磁場の波（電磁波）が起こります。電磁場のエネルギー密度 u（J/m³）は電場の2乗や磁場の2乗に比例して、その和で定まります。エネルギー密度の流れ S（W/m³）は電場と磁場とに垂直なポインティングベクトルと呼ばれ、ジュール熱損 $E \cdot J$ を含めて、電磁場のエネルギー密度の時間変化を示す保存則が成り立ちます（**下図**）。

5-2 電気エネルギーの基礎

電気：電荷と電界、電流と磁界

点電荷と電気力線
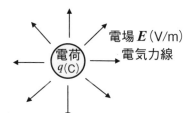

直線電流と磁気力線
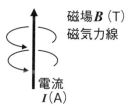

平行平板での電場
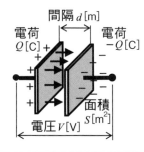

ソレノイド（管状）コイルでの磁場
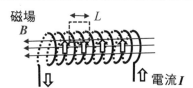

仕事とエネルギー、仕事率と電力

力（電磁力）
（N：ニュートン）

ローレンツ力
$F = q(E + v \times B)$

エネルギー（電力量）
（J：ジュール＝Ws：ワット秒）

$W = F \cdot d = qV$

パワー（電力）
（W：ワット）

$P = W/t = (q/t)V = IV$

電磁場のエネルギー保存則

$$\frac{\partial u}{\partial t} + \nabla \cdot S = -E \cdot j \qquad B = \mu H$$

エネルギー密度の流れ　$S = E \times H$（ポインティングベクトル）

エネルギー密度　$u[\text{J/m}^3] = \dfrac{\varepsilon_0}{2}E^2 + \dfrac{1}{2\mu_0}B^2$ 　　ε_0：真空の誘電率
μ_0：真空の透磁率

5-3 ＜現状編＞

電気エネルギーの利用と蓄電

電気はクリーンで使いやすい２次エネルギーとして、さまざまな場面で利用されてきています。近年の情報化時代では、スマホやパソコン、それらをつなぐための電気通信技術にとり不可欠なエネルギーです。

▶▶ 電気の生成と利用

自然界での電気エネルギーの源として、雷（落雷のほかに雲の内部放電を含めて）があります。雷エネルギーの利用は研究開発中ですが、場所や頻度が不確定で短時間で強度が膨大すぎるので、現状では困難です。

人工的に電気エネルギーを生成するには、一般には火力発電で燃焼熱を力学エネルギーに変換して発電してきました。太陽電池での光エネルギーや燃料電池の化学エネルギーによる電気生成も行われてきています。核エネルギーでは反応荷電粒子による直接発電も可能です。また、人間の運動による摩擦での微小な静電気の発生は、ウェアラブル摩擦発電として開発されてきています。

電気エネルギーの利用としては、電動機、電熱器、電灯、電気分解など、さまざまに利用されています。右ページの**上図**には記されていませんが、コンピュータ機器により電気エネルギーを活用しての「情報エネルギー」の利用も重要なエネルギー変換（利用）と考えることができます。

▶▶ 電気エネルギーの直接貯蔵と変換貯蔵

電気エネルギーを電気として直接貯蔵するには、電気回路でのキャパシタ（コンデンサ）やインダクタがあります。前者がコンデンサ電気貯蔵です。特に、電気二重層キャパシタ（EDLC）が用いられ、電池と異なり急速充放電が可能となります。後者に相当する大規模貯蔵法として**超伝導磁気エネルギー貯蔵**（SMES）があります。円環状の超伝導コイル群（インダクタンスL）に電流Iを流して$(1/2)LI^2$の大規模なエネルギーを貯蔵します。電気エネルギーをほかのエネルギーに変換して貯蔵する方法として、化学エネルギーとしての電池電力貯蔵や水素製造、力学エネルギーに変換してのフライホイールエネルギー貯蔵や圧縮空気エネルギー貯蔵があります。揚水発電も電気の変換貯蔵と考えられます。

5-3 電気エネルギーの利用と蓄電

電気エネルギーの変換

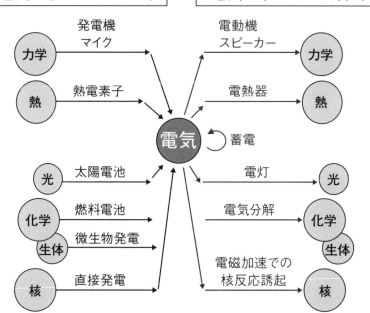

電磁エネルギーの貯蔵（蓄電）

直接貯蔵

- 静電的（キャパシタ、コンデンサ電気貯蔵、電気二重層キャパシタ（EDLC））
- 電磁的（インダクタ、超伝導磁気エネルギー貯蔵（SMES））

EDLC：Electric Double Layer Capacitor
SMES：Superconducting Magnetic Energy Storage

変換貯蔵

- 力学的（フライホイールエネルギー貯蔵、圧縮空気エネルギー貯蔵、揚水発電）
- 化学的（電池電力貯蔵（BES）、化学蓄熱、水素製造）
- 熱的（水・氷蓄熱）

BES：Battery Energy Storage

5-4 ＜現状編＞

さまざまな発電方式と電池

電気エネルギーは情報や医療での高性能機器に活用されており、クリーンな2次エネルギーとして、いろいろなエネルギーから発電されています。電池も発電設備と同じように電気へのエネルギー変換装置として重要です。

▶▶ 大規模発電方式とエネルギー変換

　主要な大規模発電のエネルギー変換の流れを**上図**に示します。化石燃料や核燃料を用いた発電など、多くの発電方式では、熱機関を用いて、各々のエネルギーを熱エネルギーから力学的な運動エネルギーに変換して、発電機（ジェネレータ）により電気エネルギーをつくります。地熱や太陽熱の自然エネルギーでも、火力発電と同様に熱機関のサイクルを利用します。熱を経由せずに運動エネルギーによる発電機からの発電には、風力や海洋エネルギーによる発電があります。直接発電方式としては、太陽光発電があります。微小発電としての環境発電では、この図のほかに直接発電を含めた多様な発電素子を用いた発電が行われます。

▶▶ さまざまな電池

　あるエネルギーから電気エネルギーに変換する装置、特に直流の電気エネルギーに変換する装置は「電池（セル）」と呼ばれます。電池は大きく3つに分類できます。化学反応を利用する**化学電池**、光・熱・放射線エネルギーを利用する**物理電池**、そして、生物のエネルギーによる**生物電池**です（**下図**）。化学電池の中で、乾電池は1次電池、充電可能な電池は2次電池と呼ばれます。2次電池の中でも、リチウムイオン電池は小型軽量でメモリー効果がない便利な電池です。ここで、メモリー効果とは、継ぎ足し充電を開始した付近で顕著に起電力の低下が起こる現象です。充電を開始した残量を記憶（メモリー）することに由来しています。電気分解の逆プロセスとしての燃料電池（**7-3節**）も化学電池の一種です。物理電池では、光エネルギーによる太陽電池（**6-5節**）、ゼーベック効果による熱エネルギー利用の熱電池（**4-5節**）、さらに、放射線のエネルギーから熱エネルギーへと変換しての原子力電池（**9-7節**）があります。生物（バイオ）電池としては、微生物燃料電池があります。

90

5-4 さまざまな発電方式と電池

発電方式のエネルギーの流れ

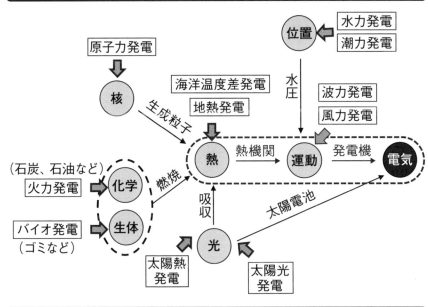

さまざまな電池

電池：あるエネルギーを直流の電気エネルギーに変換する機器

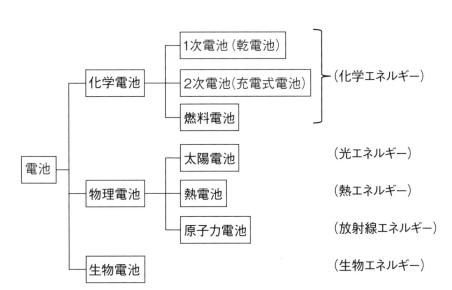

5-5 ＜現状編＞

電気モータの仕組み（電気から回転運動へ）

電気エネルギーと力学エネルギーとの変換は高効率で可能です。電気を使って回転力を得る装置が電動機（モータ）であり、逆に、回転から電気を得る装置が発電機（ジェネレータ）です。

▶▶ 電動機と発電機の原理

　電動機と発電機とは逆のエネルギー変換機です。これらの原理を発見したのは英国のマイケル・ファラデーです。固定された磁石による磁場の中に電流を流すと**フレミングの左手の法則**に従って電流導体に電磁力が加わります（**上図左**）。ループになった電流では左右で力の向きが逆になり回転力が発生します。流す電流の向きを整流子により変化させると一定の方向に回転します。電気エネルギーが回転の力学エネルギーに変換されたことになります。

　一方、一定の磁場中にあるコイルを回転させると、コイルを貫く磁束が変化し、ファラデーの**電磁誘導の法則**によりコイルの両端に電圧（誘導電圧）が発生し、発電することができます。誘導起電力の方向は**フレミングの右手の法則**に従っています。

▶▶ 同期モータと誘導モータ

　実際の機器では、外側の永久磁石のかわりに、極性を容易に変化できる電磁石を用いるのが一般的です。中心の回転する部品（回転子、ロータ）には永久磁石または電磁石を用いる「同期電動機（**同期モータ**）」と、かご型回転子に流れる誘導電流を利用する「誘導電動機（**誘導モータ**）」とがあります（**下図**）。誘導モータはフランスのフランソワ・アラゴが1828年に発見した「アラゴの円盤」の原理によるもので、アルミや銅の非磁性金属の円盤の近くに設置した磁石を回転すると、同じ方向に円盤が回転する現象です。同期モータでは小型化で高効率の設計が可能ですが、始動時の運転に工夫が必要です。一方、誘導モータではやや大型で効率も少し落ちますが、高速動作が容易となります。同期モータは電気自動車に、誘導モータは新幹線車両をはじめとする電気機関車などに利用されています。

5-5 電気モータの仕組み（電気から回転運動へ）

回転モータとジェネレータとの比較

（直流の場合）

電動機（モータ）

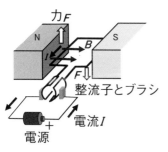

フレミングの左手の法則

電動機（ジェネレータ）

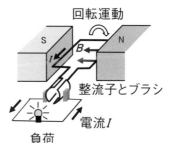

フレミングの右手の法則

同期型と誘導型とのモータの比較

同期モータ（シンクロナスモータ）

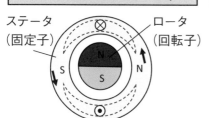

ステータの回転磁界に同期してロータの永久磁石にトルクが発生して、回転磁界と同じ速度でロータが回転する

○ 小型、高効率
△ 始動が複雑

誘導モータ（インダクションモータ）

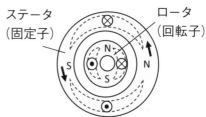

ステータの回転磁界によりロータの導体に渦電流が誘起され、回転磁界速度よりもすべりぶんだけ遅れてロータが回転する

○ 高速、始動が容易
△ 大型、高価

第5章 電気エネルギーの利用と変換

5-6 　　　　　　　　　　　　 ＜現状編＞

リニアモータの仕組み
（電気から直線運動へ）

通常の自動車や列車では、モータによる車輪の回転を誘起して、道路やレールとの摩擦により直線運動を行います。浮上する列車では、回転モータと異なる特別な電動機（リニアモータ）が必要となります。

▶▶ リニアモータの仕組み

　従来の鉄道車両のモータは磁石の力を利用して回転させるものですが、これを直線状に引きのばしたものが**リニアモータ**です。通常のモータの内側回転子が車両に搭載される超電導磁石に、外側固定子が地上の推進コイルに相当します（**上図**）。リニア中央新幹線では超電導（超伝導）磁石を用いて、車両の浮上、案内、推進を行います。磁気浮上しない例や常電導コイルのリニアモータカーはすでに実現されていますが（**中図**）、超電導の中央リニアは、2027年に東京・品川から名古屋まで、2037年には大阪までの延長予定の計画です。超電導リニアは、車両を約10cm浮上させ、時速505キロメートルの最高速度で走行予定です。

▶▶ 超電導（超伝導）コイルによる磁気浮上、案内、推進

　リニアモータカーでは車両上の超電導磁石に加えて、軌道側壁に浮上・案内コイル用の8の字コイルと、推進用のレーストラック型コイルが設置されています（**下図**）。車両の浮上に関しては、8の字コイルの中心から数cm下側を車上の超電導磁石が高速で通過すると、コイルに電流が誘起されて、8の字の下のループに超電導磁石を押し上げる力（反発力）と、8の字の上のループに引き上げる力（吸引力）が発生し、車両を浮上させます。左右向かい合う浮上コイルは、走行路の下を通してループになるようにつながれています。走行中の車両の超電導磁石が左右どちらかに偏ると、このループに電流が誘起されて、車両が近づいたほうの浮上コイルには反発力が、車両が離れたほうには吸引力が働き、車両を中央にガイド（案内）します。車両の推進には、磁石同士の反発力と吸引力を利用します。推進用のコイルに、電流（三相交流）を流すと、側壁に移動磁界が発生します。車上の超電導磁石がこれに引かれたり、押されたりして車両は進みます。

5-6 リニアモータの仕組み（電気から直線運動へ）

リニアモータのしくみ（電気から直線運動へ）

リニアーモータは、通常の回転モータを、直線に伸ばした構造と考えることができる

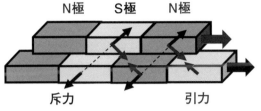

車両側
（回転モータの
　内側の回転子に相当）

地上側（推進側）
（回転モータの
　外側の回転子に相当）

リニアモータカーの種類

- 鉄輪式リニア：都営地下鉄大江戸線、横浜市営地下鉄グリーンライン、仙台地下鉄東西線、大阪市高速電気軌道長堀鶴見緑地線など
- 磁気浮上式
  - 常電導リニア：愛知県東部丘陵リニモ
  - 超電導リニア：リニア中央新幹線（建設中）

磁気浮上、案内、推進の仕組み

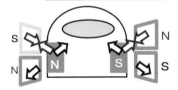

走行時に側面のコイルに流れる誘導電流による吸引力と反発力とを併用する（側面浮上方式）

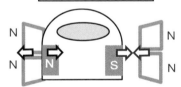

左右の浮上・案内コイルは連結されており、車両が左右どちらかにずれると、常に中央に戻す力が働く

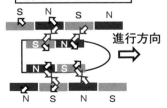

地上の推進コイルに電流を流してN極・S極を発生させ、車両の超電導磁石との間の吸引力と反発力により車両を推進する

5-7 ＜現状編＞

電熱器とIH調理器の仕組み（電気から熱へ）

電気エネルギーで熱エネルギーを利用する例として、抵抗加熱の電熱器やヒートポンプ加熱のエアコン（4-9節）があります。電磁誘導を利用してのIH（誘導加熱）調理器も家庭に普及しています。

▶▶ 電熱器

導線に電流が流れると電気抵抗により導体内に熱が発生します。自由電子の流れが金属電子の格子振動を励起し、熱エネルギーに変換されます。発生する熱量は抵抗 R に比例し、電流 I の2乗に比例します。これはジュール熱と呼ばれ、**電熱器**で利用されています。家庭用の交流100Vで1kW（キロワット）の電熱器では、抵抗が10Ωで実効電流が10A流れており、時間 t の場合のジュール熱は RI^2t なので、1秒間では1kJ（キロジュール）で240cal（カロリー）の熱量が得られます。ペットボトル1ℓの水（1kgの水）を温度10度上げるには42kcal必要なので、理想的には3分間の通電で10度上昇が可能となります。電熱器のほかに、電気ケトル（保温機能なし）、電気ポット（保温機能あり）、電気カーペットやセラミックヒーター（電気ストーブ）などでの発熱体にこの抵抗熱が用いられています。

▶▶ IH（誘導加熱）調理器

日本古来の「三種の神器」は天皇家に代々引き継がれています。この3種の神器になぞらえて、1960年代半ばのカラーテレビ・クーラー・自動車の3C家電は「新三種の神器」と呼ばれ、台所では食器洗い乾燥機・IH（誘導加熱）調理器・生ゴミ処理機を「キッチン三種の神器」と呼ばれました。**IH調理器**は耐熱性セラミックス板のトッププレートの下に設置したコイルに交流電流を流し、発生させた変動磁場により鍋底に無数のうず電流を生じさせて、電気抵抗のある鍋底を直接加熱させます。通常のガスコンロでは熱の50%ほどしか鍋を温めることができませんが、IHクッキングヒーターでは90%の熱効率となります（**下図**）。さらに、上面がフラットパネルで清潔であり、火を使わず安全面でも優れています。その技術は炊飯器にも応用されてきています。

5-7 電熱器とIH調理器の仕組み（電気から熱へ）

抵抗加熱による電熱機器

ジュール加熱のメカニズム

格子振動が熱エネルギーに変換される

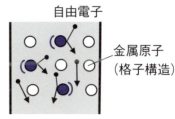

電熱器

ニクロム線※ 利用

（※）ニクロムはニッケルとクロムの合金

セラミックファンヒーター

アルミナヒーターまたは窒化ケイ素ヒーターなどを利用

誘導加熱によるIH調理器

IHクッキング（Induction Heating Cooking、誘導加熱調理）

鍋自体が発熱

コイル電流　過電流

電磁誘導の法則により鍋に生じる渦電流で鍋自体が効率よく発熱する

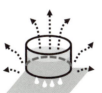

ガスコンロ

熱効率およそ50%

熱がさまざまな方向へ逃げてしまい、半分ほどしか鍋に伝わらない

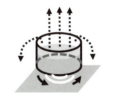

IHクッキングヒーター

熱効率およそ90%

鍋の底に直接、効率よく熱が伝わる

第5章　電気エネルギーの利用と変換

5-8 ＜現状編＞

白熱電球とLED照明の仕組み（電気から光へ）

電気による照明としての白熱電球は、エジソンにより発明され長年利用されてきましたが、蛍光灯が発明され、近年は発光効率の良いLED（発光ダイオード）による照明が主力となっています。

▶▶ 電気から光へ

電気から光エネルギーをつくる照明機器には、白熱電球、蛍光灯、高圧ナトリウムランプ、LEDランプなどがあります。LEDランプは高価ですが省エネ性能が良好であり、総合的に安価といえます。

白熱電球では電流による抵抗の温度上昇による発光を利用しています。電球の中のタングステンのフィラメント温度は2千～3千度になります。白熱電球は構造が簡単で安価ですが多くのエネルギーが熱になってしまい照明のための電気効率がよくありません。

蛍光灯は熱損失が少なく効率の良い光源です。アルゴンガスと少量の水銀が封入されていて、コイル状の電極から放出された電子が水銀蒸気の原子に衝突して紫外線を発生します。これを蛍光体にあてて可視光に変換しています。ネオンサインで用いられるのは数百分の1気圧の低圧のグロー放電ですが、1気圧程度の高圧のアーク放電では**高輝度放電（HID）ランプ**が作れます。ナトリウムを用いた黄橙色の光の**高圧ナトリウムランプ**が効率のよいランプとして普及しています。

LEDランプは発光ダイオード（LED）を用いた現在の主力照明器具です。白熱電球に比べて寿命が40倍長く、消費電力も10分の1で、発熱も少ないという長所があります。LEDでは、順方向に電圧をかけると、電子がp型領域へ、正孔がn型領域に流れ、電子と正孔が結合して電子が高い軌道から低い軌道に落ちて光が放射されるのです。ランプの色を決めるのは、軌道の差（エネルギー準位の差）であり、材料によって決まります。1960年代に赤色LEDが開発され、緑色も実現したが、青色は開発が遅れていました。窒化ガリウムを用いて青色LEDの発明が赤崎、天野、中村の3名（2014年ノーベル物理学受賞）によりなされ、光の3原色による白色のLEDが作れるようになりました。

5-8 白熱電球とLED照明の仕組み（電気から光へ）

電気から光へ

白熱ランプ

導入線で支えられている
フィラメントは2000〜3000℃の
高温となり白熱化する。
このため特別な点灯回路が不要

蛍光灯

アルゴンガスは、水銀の電離を促進
（ペニング効果）

HIDランプ

HID：High Intensity Discharge

発光管の両端にある電極で放電させて
発光物質のナトリウムを光らせる

大規模照明に最適

LEDランプ

LED：Light Emitting Diode

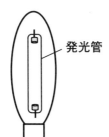

順方向に電圧をかけると
接合部で発光

第5章 電気エネルギーの利用と変換

5-9 <現状編>

スピーカーの仕組み
（電気から振動・音へ）

音響のエネルギーは空気の力学的な振動エネルギーに相当します。この空気の振動エネルギーを板の機械的振動に変換して、静電誘導や電磁誘導の仕組みを利用して電気エネルギーに変換します。

▶▶ 拡声器の仕組み

拡声器では、マイクロフォンで小さな声や音の空気振動を電気信号に変え、アンプで増幅して、スピーカーで電気を音の振動に再変換して、大きい音や声を再生します。音のエネルギー（空気の振動エネルギー）を電気エネルギーに変え、外部電源に接続されている増幅回路に電気エネルギーを加えて信号を増幅します。そして、力学的な振動エネルギーに変えて大きな音を発生させます（**上図**）。マイクロフォンとスピーカーとの仕組みは基本的には同じであり、インターフォンやトランシーバなどではマイク部分とスピーカー部分が兼用されています。

▶▶ マイクロフォンとスピーカー

音波としての空気の振動を振動板としてのダイアフラムで受けて、それに対応した電気振動を発生する電気音響の変換機が**マイクロフォン**です。典型的な方式として、電極の振動による静電容量の変化を利用するコンデンサ型（静電型）や、ダイアフラムに固定されている可動コイルを用いるダイナミック型（電磁型）があります。後者は固定磁石と振動版に設置されている可動コイルとを用いて電磁誘導現象により電気信号をつくる方式です（**下図**）。コンデンサ型では電圧をかけて電荷を蓄積するために電源が必要ですが、ダイナミックマイクロフォンでは電源は原則的に不要となります。

ダイナミック型**スピーカー**では、フレミングの右手の法則に従いコイルに流れる電流に加わる電磁力により振動コーン紙を振るわせて音波を作ります。通常のモータは軸の周りの回転運動を行いますが、ドーナツ型のくぼみの磁石でコイルを動かすダイナミックスピーカーは、直線運動を利用するので、リニアモータと呼ぶこともできます。

5-9 スピーカーの仕組み（電気から振動・音へ）

拡声器のしくみ

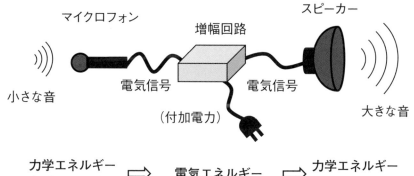

マイクとスピーカーの例

ダイナミック型マイクロフォン

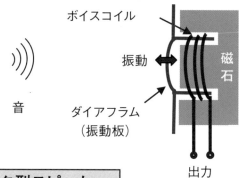

ダイナミック型スピーカー

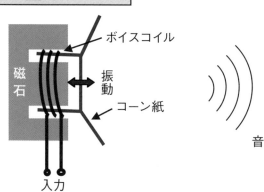

ボイスコイルは、ダイアフラムやコーン紙に固定されて動く

5-10 <現状編>

電磁推進の仕組み（電気から運動へ）

電磁エネルギーを力学的な推進力として利用する例として、電磁推進船、電磁加速砲、電磁粒子加速器、電磁推進ロケットなどがあります。JｘBの力を利用して、流体や飛翔物体を加速・発射します。

▶▶ 電磁加速砲

電磁エネルギーを力学エネルギーに変換する装置として、**電磁飛翔体加速装置**があります。平行駆動電流による**レールガン方式**と、多段型円筒電磁誘導電流によるコイルガン方式があります。前者のレールガンの場合は、レールから電機子にパルス状の大電流を流し、強力な磁場を発生させます。これで得られた磁場と電流とのローレンツ力が推進力となり、発射方向に飛翔体が加速されます（**上図**）。導体レールの間の磁気圧力が大きくなり、スライドできる構造の電機子を磁気圧で押しだすためと直感的に理解することができます。電機子の先端に設置された飛翔体を超高速で飛ばすことができます。防衛省・自衛隊ではレールガンの大砲を開発中であり、秒速2000メートル（時速7200キロメートル、音速の約6倍のマッハ6の速度）の高速度を目指しています。遠い将来には、宇宙ロケットの発射台としての超高速飛翔体加速装置の開発も構想されています。

▶▶ 電磁推進船

電磁エネルギーを船の推進に利用した例として**電磁推進船**があります。外部磁場方式では、超伝導コイルにより船底部分から海中にかけて上下方向に強力な磁場を発生させ、これに直角方向の電流を海水中に通すことによりフレミングの左手の法則により海水を押しやることで推進するものです（**下図**）。磁場に垂直な電流に加わる力（ローレンツ力）を利用します。スクリューのプロペラ推進と異なり、この電磁ジェット推進では騒音や振動が少なく、推進効率も向上します。世界最初の超伝導電磁推進船は日本の「ヤマト1」であり、1992年に完成しています。ただし、有効な推進力を得るためには超伝導コイルによる20テスラほどの磁場強度が必要となり、現在の技術レベルでは非常に困難だと考えられています。

5-10 電磁推進の仕組み（電気から運動へ）

レールガン（電磁飛翔体）の原理

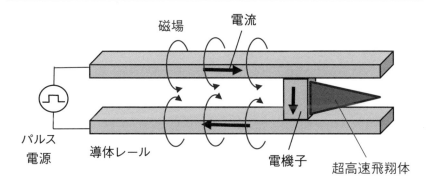

電機子にパルス的な大電流を流すことで、
磁気圧で飛翔体を飛ばすことができる

超伝導電磁推進船の原理

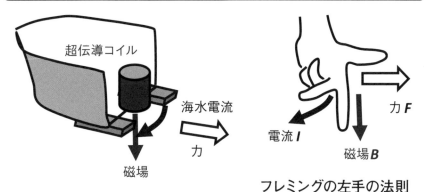

フレミングの左手の法則
（$F \propto I \times B$）

外部磁場方式では、海水中を流れる横方向の電流と
鉛直方向の磁場との作用で、海水に推進力を与える（上図）

内部磁場方式では、超伝導コイルの内部ダクトに
海水を導入して海水を放出する（ヤマト1の場合）

5-11 <現状編>

通信、情報のエネルギー（電気から情報へ）

現代は情報化社会であり、情報通信分野での電磁波の幅広い活用がなされてきています。情報はエネルギーの単位をもつ物理量ではではありませんが、乱雑さを示すエントロピーと深く関連しています。

▶▶ 電磁波の伝播の仕組み

ファラデーの電磁誘導の法則から、ある空間に磁場が生まれ変動すれば電場が生成されます。生まれたその電場が変化すれば磁場が生成されます。さらに、アンペール・マクスウェルの法則から、その磁場の変動により電界が生まれます。このように連鎖して伝わる波が**電磁波**です（**上図**）。真空中では電磁波は光の速度で伝播します。電荷を上下に動かして電場の振動をつくり、電流が作られると磁場が発生して電磁波（横波）の波が伝わります。これは、水面に重りのボールを上下に振動させて水面波を伝播させるのに相当します。ただし、水面波には媒体が必要ですが、電磁波は真空中でも伝わります。

▶▶ さまざまな電波と通信

電波はテレビやスマホでの広域の放送・通信や、近距離でのパソコンの無線LANに使われています。日本での電波の利用は電波法で管理・規制されており3テラヘルツ（3兆ヘルツ）以下の比較的周波数の低い電磁波を**電波**と定義されています。波長では、0.1mm以上の長波長領域に相当します。

すべての電磁波は光の速さ c（毎秒30万キロメートル）で伝わり、その値は波長 λ に周波数 ν をかけた値です。電磁波の性質は周波数で異なります。周波数の低い（波長の長い）長波から、中波、短波、超短波、マイクロ波のような周波数の高い波（波長の短い波）までに分類できます（**下図**）。低周波の極長波は潜水艦に、長波では船舶・航空の通信に使われています。AM、短波、FMラジオでは、中波、短波、超短波（VHF）の帯域が利用され、地上デジタルテレビや携帯電波では極超短波（UHF）が利用されています。たとえば。地上波放送は500メガヘルツ近傍、携帯電話は2ギガヘルツ近傍が使われています。

5-11 通信、情報のエネルギー（電気から情報へ）

磁場と電場の連鎖による電磁波のイメージ図

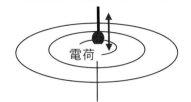

電荷の上下運動による
電磁波の発生

（重りの上下運動による
水面波の発生）

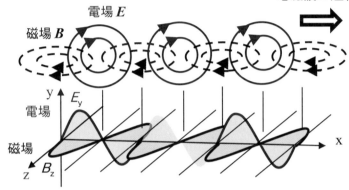

いろいろな電波の利用

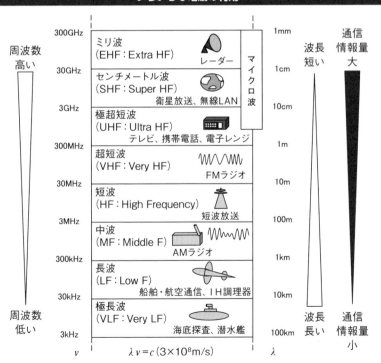

$\lambda v = c \ (3 \times 10^8 \mathrm{m/s})$

5-12 ＜現状編＞

電気自動車と環境保全

自動車などの運輸部門では二酸化炭素排出が全体の２割ほどあり、産業部門に次いで排出が大きい部門です。現在、脱炭素化のクリーンエネルギー車に期待が集まっています。

▶▶ 電気自動車と燃料電池車

　現代社会では車は不可欠です。現在の主流は依然としてガソリン車（GV）であり、内燃機関エンジンから、酸性雨の原因となる窒素酸化物（NOX）や温暖化を引き起こす二酸化炭素が排出されます。**電気自動車**（EV）はバッテリに蓄えた電気エネルギーでモータを回して動く自動車なのでBEVとも称されています。走行中の排ガスがゼロでクリーンであり、エネルギー効率が高く、騒音や振動が少ないというメリットがあります。GVに比べて、走行距離あたりの維持費が安いのも利点です。ただし、走行可能距離が短い、充電時間が長い、本体価格が高い、などの課題もあり、高性能で軽量な蓄電池の開発がキーとなっています。従来のエンジンと電動モータとを効率よく切り替え、しかも、家庭の電気からも充電できる「**プラグインハイブリッド車**（PHV）」もあります。クリーン車の本命と注目されているのが燃料電池で電気モータを動かして走る「**燃料電池車**（FCV）」です。水素を燃料として、FCスタックで発電して電動機を回します。下り坂などではエネルギー回生運転により蓄電池に充電することも可能です。

▶▶ GV、EV、FCVの比較

　EVやFCVはGVよりも高価であり、しかも、製造時に多くの二酸化炭素を排出します。走行時にはGHGが排出されないとしても、EV用の充電電力自体の発電時にGHGが発生します。FCVでも水素製造過程でGHG排出は無視できません。製造・走行・廃棄のライフサイクルを通しての二酸化炭素の排出量を比較する必要があります（**下図**）。走行距離で数万キロまではGVのほうが二酸化炭素の排出が少ないですが、５万キロほどを超えるとGVのGHG排出が最大となります。最終的にもっとも排出量が少ないのはFCVであり、ライフサイクルでの排出量は二酸化炭素換算で20トンほどとなります。

5-12 電気自動車と環境保全

自動車の構造の比較

ガソリン車 GV / 電気自動車 EV / 燃料電池車 FCV

ガソリン車はエンジン（内燃機関）を利用するが
電気自動車や燃料電池車ではモータ（電動機）を利用して推進する

ライフサイクルCO_2排出量の自動車比較

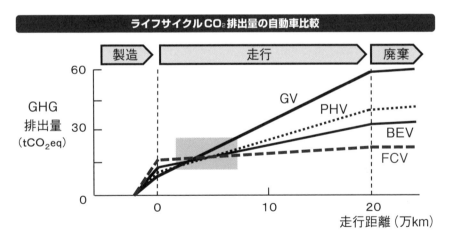

GV　Gasoline Vehicle　ガソリン車
PHV　Plug-in Hybrid Vehicle　プラグインハイブリッド車
BEV　Battery Electric Vehicle　バッテリ電気自動車
FCV　Fuel Cell Vehicle　燃料電池車

COLUMN 5

映画の中のエネルギー（5）

電気が人間を蘇らせる？
－SF映画『フランケンシュタイン』（1910年、1931年）－

　SF映画では、いろいろな改造人間が登場します。つなぎあわせた死体に雷の電流を流して蘇生させる有名な小説『フランケンシュタイン』は、1818年のメアリー・シェリー（英国）の原作ですが、この小説はガルバーニのカエルの脚の実験からヒントを得たといわれています。最初の映画化は無声で1910年、トーキー映画は1931年に作られています。

　イタリアの解剖学者ガルバーニは、1771年にカエルの脚が金属片に触れると筋肉が痙攣することを発見し、1791年に筋肉を収縮させる力を「動物電気」と名づけました。これが生体の電気現象の解明の始まりでした。一方、イタリアのアレッサンドロ・ボルタはこの動物電気が筋肉に蓄えているとの解釈に疑問を感じ、2種類の金属（銅と亜鉛）の間に電圧が発生することが原因であるとして、1800年の「ボルタの電池」の発見につながりました。この原理を用いて、フルーツ発電も行うことができます。ボルタの功績により、電圧の基本単位の名は「ボルト」とすることとなりました。

　現代では、脳や筋肉の活動により電気が発生し、細胞レベルで電気の発生が起きていることがわかっています。人間には0.2mAほどの微弱な「生体電流」が流れているのです。人間が感じ取れる電流（感知電流）は60ヘルツでは平均的に1mAであり、心臓部が痙攣する危険な交流電流は数秒間では100mAほどです。心臓から電気を発していることは1903年オランダのW.アイントーフェンが発見し、1924年にノーベル生理学・医学賞を受賞しています。

電気による死体蘇生の
フランケンシュタイン実験

『フランケンシュタイン』
原題：Frankenstein
製作：1931年　米国
監督：ジェイムズ・ホエール
主演：コリン・クライブ、メイ・クラーク
配給：ユニバーサル・ピクチャーズ

第6章

＜現状編＞
光エネルギーの利用と変換

光とはなんなのか？ 波なのか粒子なのかが明確化されたのは20世紀になってからです。光のエネルギーと周波数との関係について考え、太陽電池をベースとした太陽光発電や光合成・代謝の仕組みについて触れ、身近な光エネルギーの利用としての光環境発電について説明します。

6-1 <現状編>

光エネルギーの歴史

光は闇と対をなすものとして、神話や古代の哲学での2元論ででてきます。古代から光の作用として、物の確認、光の反射、植物の生育、などが知られていました。ここでは、光の歴史についてまとめてみましょう。

▶▶ 波と粒子の二重性から量子光学へ

紀元前4世紀には、ユークリッドにより、光の直進や反射が調べられましたが、光が屈折することの解明は後世になってのことです。幾何光学として、「直進、反射、屈折」の三法則が明らかにされ、「光は最短時間で進む軌道をとる」という**フェルマーの原理**（1661年）に集約されました（**上図**）。

光の正体に関してはいろいろな説がありました。ガリレオ・ガリレイ（イタリア）により、光は微粒子であるとの説が述べられ、一方、デカルト（フランス）は「エーテル」を伝わる渦であるとしました。そのころから、光が粒子（**光子**）なのか波動（**光波**）なのかの疑問が解かれないままでした。その後、波動光学が発展し、**ニュートン**（英国）によりプリズムによる光スペクトルの分解がなされ、波の性質をあらわす干渉縞によるニュートンリングの発見がありました。ただし、ニュートンは光の粒子説を信じていたとのことです。光が波であるとした明確な実験として、**ヤング**（英国）が行った複スリットによる干渉実験があります。一方、光の粒子的な振る舞いとして、光電効果がアインシュタイン（ドイツ）により解明され、波と粒子の二重性が明らかとなり、量子光学の分野が確立してきました。

▶▶ 光速測定と太陽燃焼

マイケルソン・モーリーの実験（1887年）で「エーテル」と考えられた慣性系（速度一定で動く座標系）で、光速が一定であることが実験的に確認され、相対性理論の原理となりました。光速度の測定では、ガリレオのランタンによる測定実験の失敗にはじまり、レーマー、ブラッドレー、フィーゾーらの実験がなされました。太陽光エネルギーの起源も明らかとなってきました。太陽は化学反応や重力エネルギーでの燃焼も考えられましたが、数十億年間にわたり永続燃焼できるのは核融合反応であるとの理論が明確化されてきました（**下図**）。

6-1 光エネルギーの歴史

光の正体の解明

| 神話 | 光と闇の2元論 |

| 古代 | ユークリッドの幾何光学 |

| 近代 | フェルマーの原理（1661年）　　　　　幾何光学の原理
　　　　ニュートンの著書『光学』（1701年）　　ニュートンリング
　　　　ヤングの光の干渉実験（1805年）　　　光の波動性
　　　　マイケルソン・モーリーの実験（1887年）光速不変 |

| 現代 | アインシュタインの光電効果と光量子仮説（1905年） |

光の速さと太陽の燃焼

光速測定の試み

ガリレオ・ガリレイ（1564～1642年）のランタンによる実験
レーマーの実験（1676年）　木星の衛星利用
ブラッドレーの実験（1725年）　地球の公転運動と恒星利用
フィゾーの実験（1849年）　回転歯車と光パルス測定
マイケルソン・モーリーの実験（1887年）　地球の運動方向と干渉計利用
アインシュタインの特殊相対性理論（1905年）　光速度不変の原理

太陽の燃焼原理の推定

化学燃焼　　燃える石では数千年間の燃焼
重力燃焼　　重力圧縮燃焼では数千万年から数億年の燃焼
核融合燃焼　数十億年間の燃焼可能

6-2 ＜現状編＞

光エネルギーの基礎

光は波であると同時に粒子でもあります。光のエネルギーは波の振動数で決まりますが、太陽光の波長分布は６千度のプランクの放射法則に従い、可視光領域がもっともエネルギー密度が高いことがわかります。

▶▶ 光の波と粒子の２重性

光には電磁波（光波）でもあり粒子（光子）でもあるという「波と粒子の２重性」の性質があります。振動数 ν（ギリシャ語のニュー）の１個の光子のエネルギー ε（ギリシャ語のイプシロン）は $\varepsilon = h\nu = hc/\lambda$ です。ここで、h はプランク定数（6.6×10^{-34}Js）、c は光の速度（3×10^8m/s）、λ（ギリシャ語のラムダ）は波長です。緑色の500nmの光では、$\nu = 6 \times 10^{14}$/s なので、$\varepsilon = 4 \times 10^{-19}$J です。１個の電子を１ボルトで加速するエネルギーが1eV（電子ボルト、1.6×10^{-19}J）なので、これは2.5eVに相当します。プランク定数は量子論を特徴づける重要な物理定数であり、キログラムの単位の定義に用いることが2019年に決定されました。

▶▶ 太陽光のスペクトル分布

私たちは、可視光を感じることできますが、エネルギーの高い真空紫外線やエネルギーの低い遠赤外線を見ることができません。人間の視覚細胞がそのように進化してきたからです。太陽電池で太陽からの光のエネルギーを有効に利用するには、その光の強度の波長依存性を理解することが必要です。

熱放射を完全に吸収する物体を黒体と呼びますが、そこから放射される光（電磁波）を黒体輻射と呼びます。この放射は材質によらず、温度だけで決まります。その光の強度は、短波長領域では波長とともに増加し、長波長領域では波長の２乗に反比例して減少するとされていましたが、すべての波長領域を表現できるプランクの放射公式（1900年）で統一的に理解することができるようになりました。下図に太陽からのスペクトルを示します。６千度の太陽からの放射公式とほぼ一致します。地球に届く光は地上の大気により減衰します。垂直方向の大気の厚さをAM（エアマス）1.0と呼びますが、太陽は斜めに入射する場合がほとんどですので、AM1.5を基準として考えます。

6-2 光エネルギーの基礎

光の波と粒子の二重性

光の波動性
複スリットによる光の干渉実験
（波としての光 = 光波）
（ヤング）

電磁波で横波
【参考】音波は縦波（圧縮波）

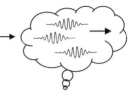

光の粒子性
光電効果による電子の飛びだし
（粒子としての光 = 光子）
（アインシュタイン）
質量はゼロ

波と粒子の二重性のイメージ

光子1個のエネルギー ε [J]

$\varepsilon = h\nu = hc/\lambda$

h プランク定数 ($6.662606957 \times 10^{-34}$ Js) 固定定義値
ν 周波数 (s^{-1} = Hz)
λ 波長 (m)
c 光の速度 (299,792,458m/s) 固定定義値

太陽光のエネルギー分布

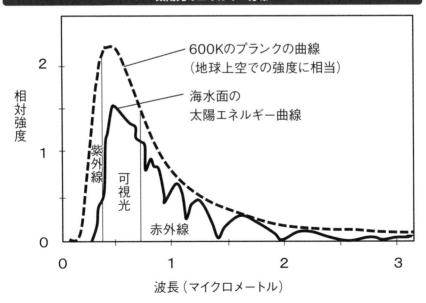

太陽の光は6千度のプランクの放射公式で近似される

6-3 ＜現状編＞

光エネルギーの利用と蓄光

古代人にとっては、暗闇を照らす太陽は偉大な父神であり、恵みの母神とも考えられていました。現代ではさまざまな照明が利用され、発電エネルギーとしても活用されてきています。

▶▶ 光エネルギーの生成と消費

自然光は太陽中心での核融合反応からのガンマ線から数十万年を経て生成されますが、人工的には燃焼化学反応での松明やガス燈などにより化学エネルギーを利用して発光がなされてきました。電気エネルギー利用では白熱電球やLED（発光ダイオード）ランプが利用されています。摩擦や音響ルミネセンス（超音波による液体中の気泡が高温化して発光）による力学エネルギーからの発光や、熱ルミネセンスにより熱エネルギーから発光が可能です。蛍などの**バイオルミネセンス**（生物発光）もなされますし、原子炉での青色の**チェレンコフ放射**からの光もあります（**上図左**）。一方、光エネルギーの利用変換として、**光子ロケット**での光の運動量の利用、光を熱として吸収させての太陽熱発電や、太陽光電池による直接的な発電利用、光合成による植物内での生体エネルギー合成、そして、光（ガンマ線）による光核反応での核エネルギーの活用などがあります（**上図右**）。

▶▶ 集光と蓄光のシステム

大量の光を発電などに利用するには、集光システムが重要です。特に、太陽熱発電での集中集光タワー型、分散集光トラフ型、スターリング・ディッシュ型などの反射鏡が活用されています。建物内での照明光の集光、増光にはレンズや光ファイバーも利用されています。

大規模な**蓄光**は困難ですが、時計や避難誘導表示において蛍光顔料が用いられています。これは**光ルミネセンス**と呼ばれ、光を吸収して再放出するプロセスです。かつてはラジウムやトリチウムなどの放射性物質の夜光塗料が用いられていましたが、現在は非放射性物質としてのルミノバ（アルミン酸ストロンチウム蛍光体）やクロマライト（ロレックス腕時計用）が開発され、腕時計の蓄光性夜光顔料として利用されてきています。

6-3 光エネルギーの利用と蓄光

光エネルギーの利用

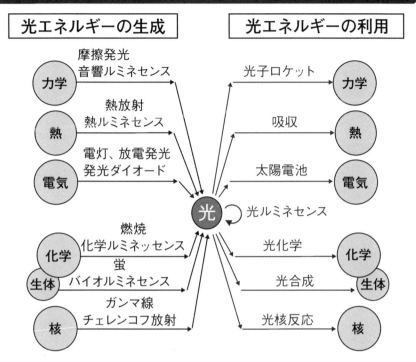

集光と蓄光

集光	反射鏡　　　　　　　（例）
	レンズ　　　　　　　　太陽熱発電用の集光
	光ファイバー　　　　　照明光の増大

蓄光	光ルミネセンス
	放射性物質を含む蛍光塗料
	非放射性の蓄光（夜光）塗料

（例）災害時などでの避難誘導発光

6-4 <現状編>

太陽エネルギーの源

真夏の太陽の光はまばゆいばかりです。太陽エネルギーのおかげで、私たちを含めて地球上の生命のサイクルが維持されてきています。その太陽光の発生メカニズムについて考えてみましょう。

▶▶ 太陽中心での核融合反応

太陽のコアでは**PPチェイン（陽子・陽子連鎖）反応**の核融合が起こっています（**上図**）。陽子同士の核融合により重水素が生成され、同時に陽電子とニュートリノが放出されます。生成された重水素と陽子とが融合してガンマ線とともにヘリウム3が生まれ、ヘリウム3同士でヘリウム4と陽子2個が作られます。その高エネルギーの陽子が、重水素やヘリウム3を生成し、連鎖反応が繰り返されます。一方、反粒子としての**陽電子（ポジトロン）**は通常の電子と反応してガンマ線を放出します。全体として、4個の陽子と2個の電子からヘリウム4とガンマ線（γ）が6本、ニュートリノ（ν）が2個発生することになります。

▶▶ 太陽ガンマ線から数十万年後に光として放出

太陽からの電磁波として、エネルギーの高い（波長の短い）ガンマ線から、可視光、そしてエネルギーの低い赤外線などのさまざまな電磁波が地球に届きます。太陽の半径の5分の1までの中心部分の**核**では、重力により閉じ込められたプラズマにより核融合反応が発生・維持されます。太陽の中心でできた放射光は**放射層**（半径の約7割まで）を通過しますが、いろいろな粒子とぶつかりあい、吸収・屈折・再放射され、エネルギーを低下させながら進みます（**下図**）。熱が熱いほうから冷たいほうに伝わるように、放射も低温で低密度の領域に流れます。ジグザグに進むガンマ線は低エネルギーのX線に変わり、さらに低エネルギーの電磁波に変わり、長い年月を経て上層の2百万度近くの**対流層**の底に到達します。対流層では放射が低温のイオンに吸収されて、10日程度の短期間で対流によってエネルギーは輸送されます。およそ数十万年の長い歳月を経て、太陽の中心から光エネルギーが私たちの地球に届くことになります。今私たちが見ている太陽の光は、旧人のネアンデルタール人が活動し始めたころのエネルギーの光なのです。

6-4 太陽エネルギーの源

太陽内部の核融合反応

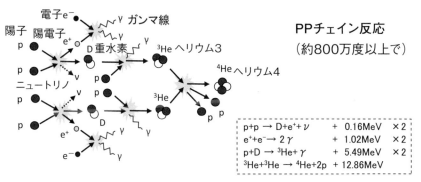

PPチェイン反応
（約800万度以上で）

p+p → D+e⁺+ν ＋ 0.16MeV ×2
e⁺+e⁻ → 2γ ＋ 1.02MeV ×2
p+D → ³He+γ ＋ 5.49MeV ×2
³He+³He → ⁴He+2p ＋ 12.86MeV

ガンマ線 γ （数十万年かけて、光エネルギーとして地球に届く）

ニュートリノ ν （太陽の中心から飛びだして、約8分程度で地球に届く）

まとめると
4p+2e⁻ → ⁴He+6γ+2ν ＋ 26.2MeV

太陽内部からの光エネルギー

重力による高温プラズマの閉じ込め
pp連鎖反応による核融合

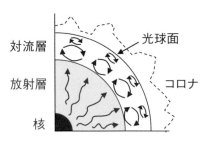

太陽内部の断面図

対流層
放射層
核
光球面
コロナ

＜核＞
中心核（コア）は密度が160g/cm³で、地上の固体の鉛の10倍だが、1500万度の高温なので電離気体（プラズマ）状態である。コアでの核融合反応でニュートリノとガンマ線が放出される

＜放射層＞
ニュートリノ（中性微子）は、直接太陽から地球に8分ほどで到達する。一方、ガンマ線（高エネルギー光子）は放射層の中の原子に吸収され、再放出されて、外側に行くに従い、エネルギーの低い多数の光子に変換されていく

＜対流層＞
対流層は、いくつかの階層構造をなす。光球面には比較的小さな対流が、内部になるほど流れが合流して大きな対流が主となっている

6-5 <現状編>

太陽電池の仕組み（光から電気へ）

太陽電池（光電池）は光エネルギーを吸収して電気エネルギーに変換する装置です。結晶シリコンか型ら薄型シリコン型へと遷移し、次世代型太陽電池としてのペロブスカイト型などが開発されてきています。

▶▶ 太陽電池の仕組み

正孔が多いp型と電子が多いn型を接合したシリコン半導体に太陽光を照射すると、接合部分に負の電気と正の電気が生成され、負の電気はn型シリコンへ、正の電気はp型シリコンに分離され、電極に電圧が誘起します。これに電球などの外部負荷を接続すると電流が流れ点灯します。

p型不純物半導体では、充満帯の近くに不純物のエネルギー準位（**アクセプター準位**）があり、電子は低いところから詰まっていき、その上限が**フェルミ準位**です。n型半導体では伝導帯のすぐ下に不純物のエネルギー準位（ドナー準位）があり、その下限にフェルミ準位があります（**上図**）。p型とn型の接している領域（空乏層）では熱平衡によりフェルミ準位が一定になっています。この領域に光が入ることで、太陽光発電ができることになります。

▶▶ さまざまな太陽電池

太陽電池にはいろいろな種類があります。分類には、材質、厚み、接合数、動作原理などでの分類が可能です。材料面からは**下図**のように分類できます。

通常の太陽電池に用いられるシリコンは地中には二酸化ケイ素の形で多量に存在しますが、太陽電池ではシックス・ナイン以上（99.9999％以上）の高純度のシリコンが必要であり、高価で希少材料です。結晶シリコン系として、**微結晶シリコン**や非結晶体の**アモルファス（非晶質）シリコン**では薄膜化され、シースルー型の大面積太陽電池の製造が可能です。シリコンに比べて放射線に強い**化合物系太陽電池**もあり、人工衛星などに用いられてきました。光合成の仕組みを利用した色素と電解質を用いた**色素増感型**、**ペロブスカイト型**や**有機半導体型**があり、柔らかくてカラフルで安価な太陽電池として商品化されています。理論効率の高い**量子ドット太陽電池**の開発も進められています。

6-5 太陽電池の仕組み（光から電気へ）

太陽電池の仕組み

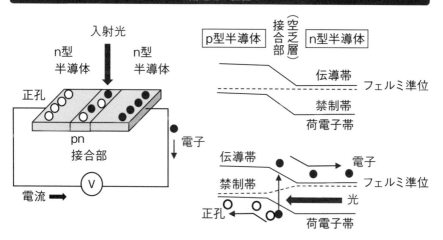

いろいろな太陽電池

材料による分類

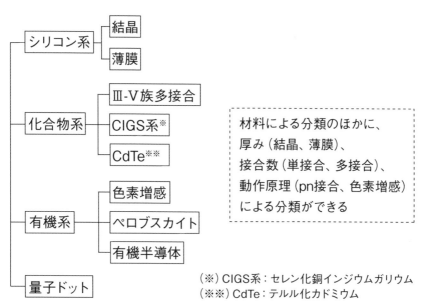

（※）CIGS系：セレン化銅インジウムガリウム
（※※）CdTe：テルル化カドミウム

薄膜シリコンで低価格化
化合物系で耐放射線性能の向上
有機系で柔らかくてカラフルで安価に

6-6 ＜現状編＞

太陽光発電の仕組み（光から電気システムへ）

太陽エネルギー発電としては、熱機関を利用しての太陽熱発電と、光電池（太陽電池）を利用しての太陽光発電があります。クリーンで無尽蔵なエネルギーですが、エネルギー密度が低いことや天候に左右されることが欠点です。

▶▶ 太陽電池の構成とシステムの分類

　火力発電（化学エネルギー）や原子力発電（核エネルギー）では熱エネルギーを介して発電しますが、太陽光発電システムは太陽光エネルギーを直接電気に変換する発電方式です。システムの規模と発電量は単純に比例の関係があるので、設置する場所の広さにあわせて自由に規模を決めることができる利点があります。

　太陽光発電の心臓部は**太陽電池**です。英語ではphotovoltaicと呼ばれ**PV**と略されます。最小の単位がセルで出力電圧は普通0.5V～1.0Vです。このセルを並べて樹脂などで保護してパネルとしての**モジュール**（1枚100Wほど）を作ります。さらにこのモジュールを並べて接続したものが**アレイ**です（**上図**）。

▶▶ 家庭用太陽光発電システム

　発電システムの構成機器としては、光から直流電流をつくる太陽電池のモジュールのほかに、モジュールを設置する架台、モジュールからのケーブルの結線のための接続箱、直流電流を交流電流に変換する**インバータ**、電力の出力品質の制御のための保護装置などが必要となりますが、インバータと保護装置とを統合しての**パワーコンディショナー**が設置されます（**下図**）。

　システムの利用形態として、独立型か、系統連系型かで区別されます。電力会社の電力網を系統と呼びますが、この系統に自家発電の設備をつなぐことを連系と呼びます。**独立型**としては、送電設備のない孤島などで一般負荷電力用として太陽光発電が利用されています。道路の標識や街路灯の専用負荷用としても用いられます。一方、**系統連系型**としては、オフィスビルや工場での利用があります。特に、病院や公共設備の大規模集中型では、蓄電池システムを併設して不慮の事故に対応できるように防災対策がなされています。

6-6 太陽光発電の仕組み（光から電気システムへ）

太陽電池の仕組み

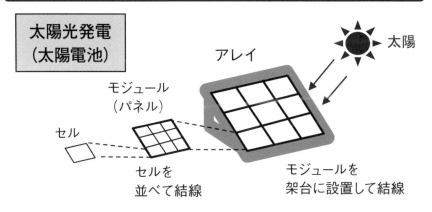

太陽光発電の仕組み

太陽光発電システムの分類

太陽電池の種類
独立型/系統連系型
直流利用/交流利用
蓄電池あり/なし

住宅用太陽光発電システムの構成図

系統連系、交流利用、
蓄電池ありの場合

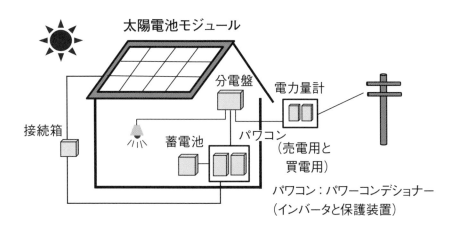

121

6-7 ＜現状編＞

光合成と代謝の仕組み
（光から化学へ）

生体エネルギーを含む化学エネルギーに光エネルギーを変換するプロセスは植物の光合成であり、その生体エネルギーを利用して活動するプロセスは動物の呼吸代謝です。それを担っているのがATPです。

▶▶ 太陽光利用と生物のエネルギーシステム

自然界では動物は植物や小さな動物を食することでエネルギーを体内に蓄積します。植物自体は太陽からのエネルギーにより成長します。光エネルギーは植物内に化学エネルギーとして蓄積され、このエネルギーが植物の細胞の増殖に使われていると同時に、食されて動物の栄養となっているのです。

植物では、昼間は光エネルギーを利用して**光合成**が行われ、単純な物質（無機物）から複雑な物質（有機物）が作られます。二酸化炭素と水とからグルコース（ブドウ糖）が作られます（**上図**）。このように単純な無機物から複雑な生体物質を合成することを**同化作用**（エネルギー吸収反応）と呼ばれます。この反応は、クロロフィルなどの色素をもつ植物、藻類や一部の細菌類で行われます。一方、夜間では、酸素を取り入れて呼吸がなされ、有機物を無機物としての二酸化炭素と水に分解します。これを同化の逆として**異化作用**（エネルギー放出反応）と呼ばれます。呼吸によって得られたエネルギーは、ADP（アデノシン2リン酸）にもう1つリン酸が結合（高エネルギー結合）して**ATP**（アデノシン3リン酸）が生成されることにより、生体内に化学エネルギーとして蓄えられます。この呼吸は、生体を構成する細胞内に細胞核を有するすべての真核生物（植物や動物）の生命活動で行われています。ATPは「生命体のエネルギー通貨」と呼ばれています。

動物が活動することで力学的、熱的、さらに化学的な（生体的な）エネルギーが生まれます。生体内では電気エネルギーも存在します。筋肉には、意思とは関係なく動く平滑筋（胃や腸や血管）や心筋（心臓）と、電気的な神経信号により意識的に自分で動かす骨格筋（腕や足）があります。特に、骨格筋の内部構造の形状変化が運動メカニズムのもとになっています。歩くことによる振動発電や、体温を利用しての熱発電も、広い意味での生体発電と考えることもできます。

6-7 光合成と代謝の仕組み（光から化学へ）

光合成と呼吸の反応

$6CO_2 + H_2O +$ エネルギー ⇄ $C_6H_{12}O_6 + 6O_2$
二酸化炭素　水　　　　　　　　　グルコース　　酸素
　　　　　　　　　　　　呼吸　　（ブドウ糖）

生物でのエネルギーの流れ

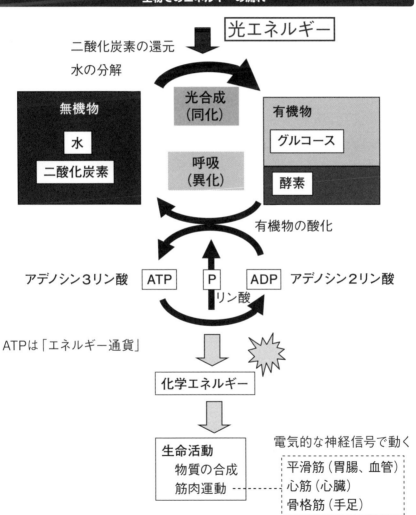

6-8 ＜現状編＞

身近な光エネルギー利用
（光環境発電）

環境発電として太陽光エネルギーの利用は幅広く用いられています。室内でも照明光などで発電利用がなされ、いろいろなスマートグッズが発売されてきました。道路、ゴミ箱、火山、宇宙でも太陽光発電が活用されています。

▶▶ 光利用のスマートグッズと道路メンテナンス

　太陽光の照度は、屋外の日なたでは10万ルクスですが、日陰ではこの10分の1で、室内では人工照明も含めて照度は百分の1ほどの数千ルクスであり、およそ0.1〜1mW/cm²です。これらの光を活用するために、1970年代に**ソーラー電卓**や**ソーラー腕時計**が作られました。現在では、表示板がLEDから液晶に変わり、回路の半導体集積化・低消費電力化が進み、ボタン電池も不要な光電池システムが利用されています。室内光で発電できる**パソコン用スマートマウス**も環境にやさしいグッズとして販売されています。道路標識や街頭でも太陽電池は活用されています（**上図**）。ネクスコ東日本の道路メンテナンス情報システムでは、道路ののり面や橋の監視で太陽光発電や振動発電を電源としたセンサが用いられます。データはRFIDにより情報が集められます。これは、高周波（RF）を用いた個別認識（ID）システムであり、ユニクロやコンビニでも製品タグとして普及しています。

▶▶ 太陽光利用のスマートゴミ箱から宇宙衛星まで

　都市のクリーン化にはゴミ問題の対策が重要です。街角のゴミ箱が一杯になってあふれないような維持管理が必要です。そこで、IoT（モノのインターネット）や環境発電（エネルギーハーベスティング）を活用しての**スマートゴミ箱**が世界の各所に設置されています。ゴミ箱の上面に設置された20ワットの発電が可能な太陽光パネルにより発電・蓄電され、ゴミ箱に内蔵したセンサが蓄積状況を感知して、ゴミがたまると自動圧縮して、ゴミがあふれないように維持します。ゴミ箱の状態は3G通信機能を用いて通知・管理され、回収頻度を激減させることができています。そのほか、火山観測や宇宙での衛星などの特殊環境での自立電源としても太陽光が活用されています（**右ページ図**）。

6-8 身近な光エネルギー利用（光環境発電）

オフィス用品と道路メンテナンス

ソーラー電卓（1970年代）
ソーラー腕時計（1970年代）

パソコン用ソーラーマウス

道路標識、街灯

ネクスコ東日本の
　道路メンテナンス情報システム

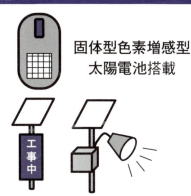

固体型色素増感型
太陽電池搭載

スマートゴミ箱

米国 Big Belly Solar社

上面に太陽電池

ニューヨーク市中央のマンハッタンに100個以上設置
原宿表参道や京都嵐山などにも設置

（Bigbellyは世界60カ国、8万個以上設置、
　日本でもSmaGoとして設置）

火山観測

太陽電池パネルで構成

国土地理院のGNSS火山変動リモート観測装置
REGMOS（レグモス）
太陽電池と衛星通信により、日本の活火山9カ所を観測中

気象衛星とISS

気象衛星ひまわり

衛星本体
太陽電池
通信用アンテナ

国際宇宙ステーション（ISS）

太陽電池パネル

6-9 ＜現状編＞

未来の光エネルギー技術

太陽光は再生可能エネルギー発電と生体エネルギー生成とに不可欠なエネルギーです。未来の技術として、宇宙での太陽光発電や光触媒を用いての人工光合成の開発が進められています。

▶▶ 宇宙太陽光発電（SSPS）

　地上での太陽光発電では、太陽電池の大規模設置が困難であると同時に、夜は発電不可能で天候にも左右されて不安定であることが欠点です。それを克服する構想が、宇宙太陽発電所（SSPS：Space Solar Power Station）です。宇宙空間で大規模な発電を行い、**マイクロ波送電**技術を用いて地上に送電する方式です。

　SSPSは赤道上の高度約3万6000キロメートルの静止軌道上に浮かべ、発電した直流電力をマイクロ波（または遠赤外レーザー）に変えて送電して、地上のレクテナ（受電アンテナ）で受けてマイクロ波をふたたび電力に変換する方式です（**上図上**）。マイクロ波は電子レンジなどで使われている2.45ギガヘルツ（1ギガヘルツは10億ヘルツ）が想定されています。送信アンテナから送られるマイクロ波は23kW/m²であり、レクテナでの最大電力をその百分の1の250W/m²としています。これは、通常の地上での太陽光1kW/m²の1/4に相当しますが、マイクロ波から電力への変換効率の高さと曇天や夜間に左右されない点から地上での太陽光利用の4～5倍以上になります（**上図下**）。

▶▶ 人工光合成

　植物の**光合成**では、太陽エネルギーを利用して二酸化炭素と水から有機物（でんぷん）と酸素が生みだされます。この原理を人工的に模擬して、太陽エネルギーを用いて二酸化炭素から化学品をつくります。これが「**人工光合成**」です（**下図**）。第1段階では、光に反応して特定の化学反応をうながす光触媒を使い、水を分解し、水素と酸素を作りだします。第2に、分離膜を通して水素だけを分離し、工場などから排出された二酸化炭素を合わせ、合成触媒を使ってオレフィンを化学合成します。第1の光触媒と第2の分離膜とから、水素をつくることができます。これは水素と酸素との「膜分離法」に相当します。

6-9 未来の光エネルギー技術

地上と宇宙での太陽光発電

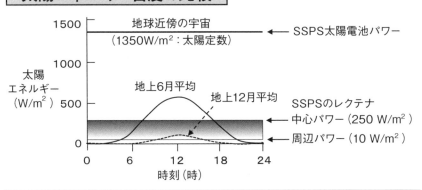

SSPS：Space Solar Power System

自然と人工の光合成

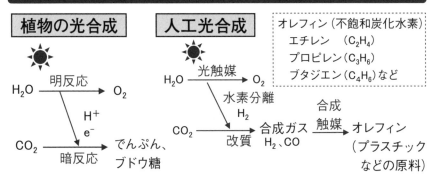

光合成は2段階光励起反応

COLUMN 6

映画の中のエネルギー（6）
光の圧力が宇宙船を動かす？
－アニメ映画『トレジャー・プラネット』（2002年）－

　アニメのなかでは、太陽の光を帆に受けて進む宇宙帆船がしばしば描かれています。ディズニーのアニメ映画『トレジャー・プラネット』では、スティーヴンソンの『宝島』の宇宙版の物語であり、主人公の非行少年ジムがソーラーボードを操る場面もあります。宇宙では恒星風（太陽圏では太陽風）としての電磁波や荷電粒子があふれています。そのエネルギーを利用しての夢の宇宙航行が描かれています。

　光に圧力があることは1900～1901年にロシアと米国で初めて実験的に証明されましたが、最新科学に精通していた夏目漱石は、1908年に連載された小説『三四郎』のなかで、光の圧力実験を行っている科学者宗介（寺田寅彦がモデル）を登場させています。小川三四郎（小宮豊隆がモデル）は「その圧力がどんな役に立つんだか、まったく要領を得るに苦しんだ」としています。光の圧力を使って、宇宙帆船を推進するアイディアは1919年にすでにロシアのフリードリッヒ・ツァンダーやコンスタンチン・ツィオルコフスキーらにより提案されました。

　実際に2003年5月に打ち上げられた小惑星探査機はやぶさでは、太陽光放射パワーは微弱ですが、軌道制御用燃料の節約に役立てられました。はやぶさは小惑星イトカワの粉塵を持ち帰って2010年6月に地球に帰還しました。その苦難の物語を映画化した作品が『はやぶさ/HAYABUSA』（20111年、監督：堤幸彦）であり、ほぼ同時期には『はやぶさ/はるかなる帰還』（2012年、監督：瀧本智行）と『おかえり、はやぶさ』（2012年、監督：本木克英）の2本も公開されました。後継機はやぶさ2号は生命の起源の探索のため小惑星「Ryugu」を目指して2014年12月に打ち上げられ、2020年に地球帰還、サンプルリターンに成功しています。なお、2010年にはJAXAの小型ソーラー電力セイル実証機「IKAROS」が打ち上げられ、ソーラーセイル（太陽帆）実験を成功裏に終了しています。

宝の惑星（トレジャー・プラネット）を目指す宇宙船レガシー号

『トレジャー・プラネット』
原題：Treasure Planet
原作：ロバート・ルイス・スティーヴンソン
製作：2002年　米国
監督：ロン・クレメンツ、ジョン・マスカー
配給：ブエナ・ビスタ・ピクチャーズ

第7章

＜現状編＞
化学エネルギーの利用と変換

物が燃えるのは、古くには燃素（フロギストン）があるからだと信じられていましたが、実際は酸化による化学反応です。化学反応の基本を述べ、その利用と光や熱の発生について考えます。化学反応を利用した燃料電池や火力エンジン、さらには火力発電の仕組みについて説明します。

7-1 ＜現状編＞

化学反応エネルギーの基本

物質はなんでできているのかは昔からの謎でした。物質は原子・分子での化学結合で作られています。このエネルギーは原子の最外殻電子や分子間の電磁力に起因するものです。

▶▶ 化学反応と燃焼の歴史

　人類が火を手にしたのは50万年以上も前だと考えられており、中国の周口店の北京原人の遺跡でその痕跡が見つかっています。火は、照明、暖房、料理、加工など、さまざまに活用されてきました。

　火はアリストテレスの4元素説の1つの元素であり、それは中世まで信じられてきて、それ自体の科学的研究は18世紀になってからです。燃えるためには燃素（**フロギストン**）があり、熱素（**カロリック**）、光素があり、一体として考えられていました。ラボアジエは、それを光、火、熱に分離し、光は光素、火は酸素、そして熱は熱素によるものだととらえ、物質の燃焼において中心的な役割をするのは、物質に含まれるとされていたフロギストンではなく、空気中に含まれる酸素であると提唱しました。燃素のほか、熱素、光素の解明も進められてきました（**上図**）。

▶▶ ヘスの法則（総熱量不変の法則）

　化学反応において総熱量不変の法則が提唱されたのは1840年であり、スイス生まれのロシアの化学者ジェルマン・アンリ・ヘスによるもので、**ヘスの法則**と呼ばれます。一方、熱力学でのエネルギー保存の法則は2年遅れの1842年にドイツのロベルト・マイヤーが提唱し、1843年には英国のジェームズ・スコット・ジュールが熱の仕事当量の実験を行っています。

　化学反応の変化や平衡に関して、1882年にヘルマン・ヘルムホルツによる自由エネルギーの定義があり、等温等積条件では**ヘルムホルツエネルギー**Fが、等温等圧条件では**ギブズエネルギー**Gが定義され、熱力学関数として利用されます。等温等圧条件下（等温等積条件下）ではG（F）の変化が負であれば化学反応は自発的に起こり、平衡状態ではG（F）は極小値となります。化学反応の解析では、単位モルあたりのギブズエネルギーを**化学ポテンシャル**と定義します。

7-1 化学反応エネルギーの基本

化学燃焼反応の歴史

古代〜中世　アリストテレス
　　　　　　　火は元素（4元素の1つ）

近代〜現代

　火　燃素　→　酸素結合（ラボアジエ）
　　　　（フロギストン）

　熱　熱素　→　熱の仕事当量（ジュール）
　　　　（カロリック）

　光　光素　→　エーテルの渦説（デカルト）→ 2重スリット実験（ヤング）
　　　　　　→ 微粒子説（ニュートン）→ 光電効果（アインシュタイン）

ギブズの自由エネルギーと化学ポテンシャル

ヘスの法則（総熱量不変の法則）

エンタルピー　$H = U + pV$

> U　内部エネルギー
> pV　外部仕事エネルギー
> 　p　圧力
> 　V　体積

ヘルムホルツの自由エネルギー　$F = U - TS$

> TS　束縛エネルギー
> 　T　熱力学温度
> 　S　エントロピー

ギブズの自由エネルギー　$G = F + pV = U - TS + pV$
　等温等積条件下　自発反応：$\Delta F < 0$、平衡状態：$F =$ 極小値
　等温等圧条件下　自発反応：$\Delta G < 0$、平衡状態：$G =$ 極小値

化学ポテンシャル　単位モルあたりのギブズエネルギー

7-2 ＜現状編＞

化学エネルギーの利用と貯蔵

化学エネルギーとして、昔からの焚火の利用、現代は化石燃料の燃焼による熱と光の利用があります。炭焼きや石油備蓄による化学エネルギーの貯蔵が行われてきました。

▶▶ 化学エネルギーの生成と利用

　電気エネルギー利用による電気分解や熱エネルギー利用の熱化学反応で、化学エネルギー（生体エネルギーを含む）を有する新しい化学物質を生成することができます。機械的な力による加圧反応でも、新しい化学物質をつくることができます。植物では光合成により化学物質としての糖が生成されます。

　一方、化学エネルギーの利用では、さまざまな化学燃料の燃焼により熱や光エネルギーを発生できますし、ホタルなどの動物発光を含めた化学発光により化学エネルギーを光エネルギーに変換できます。化学エネルギーの電気エネルギーへの直接変換では化学電池が用いられます。動物が取り込んだ食べ物は化学エネルギー（生体エネルギー）として体内に蓄えられ、筋肉によりそのエネルギーを力学エネルギーや体温の熱エネルギーに変換されることになります。

▶▶ 化学エネルギーの貯蔵

　化学エネルギーの貯蔵として、昔から炭焼きや練炭作りがありました。化学的な2次エネルギーへの変換ともいえます。電気と異なり、化学エネルギーは燃料として直接的な貯蔵が容易です。エネルギー危機への対応策して、日本では、国家備蓄、民間備蓄、産油国共同備蓄として合計240日分ほどの石油備蓄が行われています。水素燃料も液化・減量して貯蔵がなされます。特に、電気や太陽エネルギーを水素エネルギーに変換して有効に貯蔵できます。

　化学反応を利用しての蓄電、蓄熱も行われます。**二次電池電力貯蔵システム**（BESS）により風力や太陽光発電による電気を貯蔵できます。電力系統に連係するためには電力制御システム（PCS、Power Conditioning System）を組み合わせる必要があります。蓄熱のために発熱や吸熱反応を利用しての化学ヒートポンプも利用されています。

132

7-2 化学エネルギーの利用と貯蔵

化学エネルギーの変換

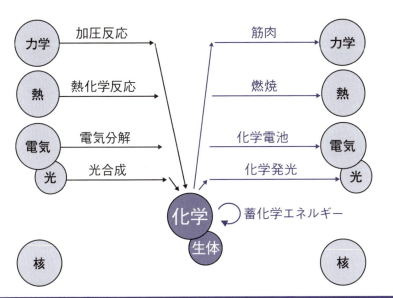

化学エネルギーの貯蔵

化学燃料の直接貯蔵

石油備蓄
水素貯蔵

化学燃料の直接貯蔵

蓄電：二次電池電力貯蔵システム（BESS）
蓄熱：化学蓄熱（ケミカルヒートポンプ）

BESS：Battery Energy Storage System

7-3 <現状編>

燃焼による光と熱の発生
（化学から光と熱へ）

かつては物が燃えるのは燃素（フロギストン）があるからであり、重量が減ると考えられていましたが、酸素との化学反応であることが確認され、酸化燃焼反応はさまざま形で利用されてきました。

▶▶ 燃焼の仕組み

燃焼の化学反応が起きるためには次の3要素が必要です。① 可燃物、② 支燃物（酸素、塩素、フッ素など）、そして ③ 熱エネルギー（点火エネルギー）です（**上図**）。物質を加熱すると揮発分が熱分解して可燃性ガスなどが生まれ、これらのガスが炎を上げて燃えます。これは有炎燃焼ですが、線香などの無炎燃焼もあります。一方、生体内の化学反応として、穏やかな酸化反応（ブドウ糖が酸化されて水と二酸化炭素になる反応など）もあり、体内の脂肪燃焼などと呼ばれますが、通常の化学燃焼とは異なります。生体での**異化代謝**により、生体エネルギーが化学エネルギー（高分子化合物の合成）、力学エネルギー（筋肉、繊毛、鞭毛の運動）、電気エネルギー（電気器官、神経細胞）や、光エネルギー（生物発光）に変換されます。

▶▶ 炎色反応と花火

夏の夜空を飾る花火にはさまざまな色が使われています。これは特別な元素固有の色が得られる**炎色反応**を用いており、1860年にドイツのブンゼン博士やキルヒホッフ博士により解明された反応です。アルカリ金属（1族）、あるいはアルカリ土類金属（2族）などの塩を炎の中に入れると、揮発してできた金属原子の電子が励起状態から基底状態に戻るときに光エネルギーを放出するので、元素固有の可視光線が得られる現象です（**下図上段**）。私たちの目に見える炎色反応の色としてはかぎられていますが、リチウムの赤色、ナトリウムの黄色、カリウムの紫色、銅の青緑色、バリウムの黄緑色、カルシウムの橙色、ストロンチウムの紅色などがあります。打ち上げ花火玉は、親星（外側に咲く星）や芯星（中央に咲く星）などを割り火薬の中に埋め込み、導火線を中央まで入れて点火させます（**下図下段**）。星にはさまざまな火薬をいれて花火の色や形を変えるように作られています。

134

7-3 燃焼による光と熱の発生（化学から光と熱へ）

燃焼の3要素

燃焼を維持するための3要素

- 有炎燃焼
- 無炎燃焼
- 代謝（脂肪燃焼）

❷ 酸素※　❸ 熱（点火エネルギー）
火の三角形
❶ 可燃物

（※）支燃物として、塩素やフッ素の場合もある

炎色反応と花火

炎色の仕組み

炎の色は固有の軌道間のエネルギー差で決まる

加熱　電子　原子核

エネルギーが加わると、電子が基底状態から励起状態に遷移

発光　電子　原子核

励起された電子は、光を放出して基底状態に戻る

花火玉の構造

芯星や親星に炎色反応の元素を組み入れる

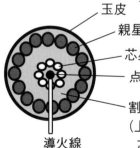

- 玉皮
- 親星（外側の花火）
- 芯星（中央の花火）
- 点火薬
- 割り火薬（上空で花火玉を爆破させて芯星や親星を点火させる）
- 導火線

7-4

<現状編>

燃料電池の仕組み（化学から電気へ）

将来の重要な2次エネルギーとして、電気と水素エネルギーがあります。これまでの炭素基盤のエネルギー経済から、水素基盤のエネルギー経済に転換すべきとの提案もあり、電気と水素関連の燃料電池が注目されています。

▶▶ 燃料電池の仕組み

太陽エネルギーなどの再生可能エネルギーを水素の化学エネルギーに変換・蓄積し、必要に応じて水素から電気エネルギーにも変換できます。水素から電気への変換は**燃料電池**で、逆の電気から水素への変換は水の電気分解で可能です。

燃料電池は1839年にイギリスのグローブ卿により発明され、1965年には出力1キロワットの燃料電池が有人宇宙飛行船ジェミニ5号に搭載され、その後、産業用・民生用への応用開発なされてきました。燃料電池発電では、水素ガスを負極（燃料極）に、酸素ガスを正極（空気極）に供給します。水素が白金触媒上でイオン化し、水素イオン（陽子）と電子となり、水素イオンは電解質液を通って正極に移動し、電子は外部の回路を流れて正極に移動します。正極では酸素と水素イオンと外部回路を移動してきた電子とが反応して水ができます（**上図**）。

家庭用の燃料電池システムは「**エネファーム**」と呼ばれており、「エネルギー」と「ファーム（農場）」の造語です。都市ガスやLPガスを改質して生成した水素と空気中の酸素とを化学反応させ、直流電力をつくり、インバータにより交流電力にします。発電の際に発生する熱で給湯や暖房に活用する効率的なシステムです。

▶▶ さまざまな燃料電池

燃料電池は電解質の種類により分類されます（**下図**）。アポロ宇宙船用電池として開発された**アルカリ型燃料電池**では、低温での反応が可能ですが高純度の水素が必要です。自動車用には小型軽量化が可能で振動にも強い**固体高分子型**が使われています。発電用には**リン酸型燃料電池**が用いられています。650度や1000度で運転する**溶融炭酸塩型**や**固体電解質型**では発電効率を高くすることや熱の有効利用が可能ですが、反面、短時間の運転開始が困難で高耐熱構成材料を使う必要があるとの難点があります。

7-4 燃料電池の仕組み（化学から電気へ）

燃料電池の原理

固体高分子形燃料電池（PEFC）の場合

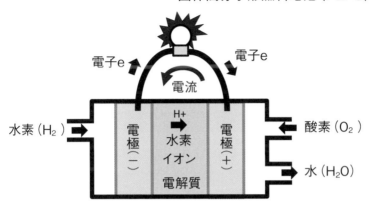

燃料極
$H_2 \rightarrow 2H^+ + 2e^-$

空気極
$O_2 + 4H^+ + 4e^- \rightarrow 2H_2O$

全体の反応 $2H_2 + O_2 \rightarrow 2H_2O + 2 \times 237kJ$

いろいろな燃料電池

	アルカリ型 AFC	固体高分子型 PEFC	リン酸型 PAFC	溶融炭酸塩型 MCFC	固体電解質型 SOFC
電解質	水酸化カリウム	高分子膜	リン酸	溶融炭酸塩	安定化ジルコニア
作動温度	100度以下	100度以下	約200度	約650度	約1,000度
燃料	高純度水素	水素	水素	水素	水素
発電効率	60%	40%以下	35〜45%以下	45〜55%	50%以上
用途	特殊環境（宇宙・深海）	分散電源（自動車）	コージェネ発電（バス）	コージェネ発電（大規模）	コージェネ発電（中規模）

AFC：Alkaline Fuel Cell
PEFC：Polymer Electrolyte Fuel Cell
PAFC：Phosphoric Acid Fuel Cell
MCFC：Molten Carbonate Fuel Cell
SOFC：Solid Oxide Fuel Cell

7-5 ＜現状編＞

火力エンジンの仕組み（化学から運動と熱へ）

エンジンとは、燃料を燃焼して化学エネルギーを力学エネルギーに変換する装置であり、機関、発動機や原動機を意味します。その力学エネルギーを電気エネルギーに変換する装置を発電機（ジェネレータ）と呼びます。

▶▶ エンジンの分類と用途

エンジンでは内燃力を用いる場合と汽力（蒸気の膨張力）を用いる場合があります。エンジン（機関）の用途は、ピストン的あるいはロータリー的な自動車エンジン、ガスタービンやジェットの飛行機エンジンがあり、ロケットや船舶のエンジンもあります。発電用には、内燃力発電として、ディーゼルエンジンやガソリンエンジンなどの内燃機関を運転して発電します。離島などでの小規模発電として利用されています。火力発電でもっとも一般的なのは外燃機関としての蒸気タービン発電であり、燃料をボイラーで燃やして高温・高圧の蒸気を回して発電します。ガスタービン発電では、灯油、軽油などの燃焼ガスでタービンを回して発電します。ピーク時の需要に対応する役割を担っています。

▶▶ さまざまな熱機関

発電のための熱機関のサイクルは、$p-V$（圧力－体積）線図や$T-S$（温度－エントロピー）線図で表されます。熱機関の最高効率は**カルノーサイクル**で得られ、$T-S$線図で四角の軌道「断熱圧縮→等温膨張→断熱膨張→等温圧縮→」のプロセスから成り立っています。実際の熱機関のサイクルとしては、温度変化のある圧縮や膨張のプロセスを含め、考案者の名前をつけて呼ばれています（**下図**）。**ブレイトンサイクル**（ガスタービンサイクル）では断熱圧縮→等圧加熱→断熱膨張→等圧冷却→断熱圧縮です。**オットーサイクル**（等積サイクル）は自動車などでの火花点火ガスエンジンであり、断熱圧縮・膨張と等積加熱・冷却のサイクルです。圧縮着火内燃機関の**ディーゼルサイクル**や、火力・原子力の蒸気タービンの**ランキンサイクル**もあります。一部の熱を再生利用して高効率カルノーサイクルに近づけた**スターリングサイクル**も利用されています。

7-5 火力エンジンの仕組み（化学から運動と熱へ）

エンジンの分類と用途

エンジン＝機関
（あるエネルギーを力学
エネルギーに変換する装置）

エンジンの用途

自動車	レシプロ（ピストン）エンジン
	ロータリーエンジン
航空	ガスタービンエンジン
	ジェットエンジン
ロケット	ロケットエンジン
船舶	蒸気タービンエンジン

エンジンの分類

内燃エンジン
蒸気エンジン（外燃エンジン）

さまざまな熱機関サイクル

内燃機関

オットーサイクル
　火花点火エンジン

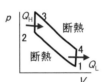
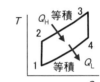

ディーゼルエンジン
　低速圧縮着火エンジン

ブレイトンサイクル
　ガスタービンエンジン

外燃機関

ランキンサイクル
　火力・原子力の
　蒸気タービンエンジン

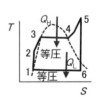

スターリングサイクル
　冷凍機

再生熱量 $Q_{23} = Q_{41}$

7-6 ＜現状編＞

火力発電の仕組み
（化学から熱・力学そして電気へ）

日本の1次エネルギー供給量の割合は石油、石炭、天然ガスの順ですが、発電エネルギーの割合は天然ガスが最大です。二酸化炭素排出が少ない天然ガスを中心に、発電システムについて考えてみましょう。

▶▶ 火力発電の仕組み

　一般的な火力発電システムを**上図上段**に示します。燃料としての石炭や石油などをボイラーで燃やして、ボイラー内の管を流れる水を温めて高温・高圧の蒸気を作ります。その蒸気によってタービンを回転させて発電機を回すことで、電気を作りだしています。タービンからでてくる蒸気を復水器で水に戻して、ボイラー室に導入して、熱サイクルを構成します。外燃機関としての水と蒸気による閉じたサイクルです。温度の高いガスタービン発電では、内燃機関として燃焼ガスでタービンを回し、空気圧縮機と発電機を連動させて発電します。燃焼ガスは排ガスとして放出します。**コンバインドサイクル**（**上図下段**）では、この燃焼ガスを活用して蒸気タービン発電を行うことで高効率の発電が可能となります。

▶▶ 火力発電の燃料比較

　火力発電は出力調整が容易であるという利点がありますが、温室効果ガス排出の課題から、世界的に石炭火力は廃止の方向で進んでいます。石油危機以降、石油に代わる主力燃料として天然ガスが注目されてきました。埋蔵量が豊富で、地球温暖化の原因となる二酸化炭素や、酸性雨の原因となるNOX（窒素酸化物）の排出量が石炭、石油に比べて少なく、SOX（硫黄酸化物）が排出されないため注目を浴びてきました（**下図**）。実際に都市ガスとしても利用されてきています。島国の日本への貿易にはパイプラインが不向きで、液化が必要であり液化天然ガス（LNG）として輸送されています。日本の1次エネルギー消費に占める天然ガスの割合（2023年度）は、石油、石炭に次いで3番目の19%です。一方、発電エネルギー量は天然ガスが34%で最大であり、現在の最重要のエネルギー源となっています。2050年には再生可能エネルギーがその座を引き継ぐことが期待されています。

7-6 火力発電の仕組み（化学から熱・力学そして電気へ）

火力発電システム

蒸気タービン発電

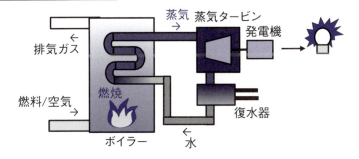

コンバインドサイクル発電

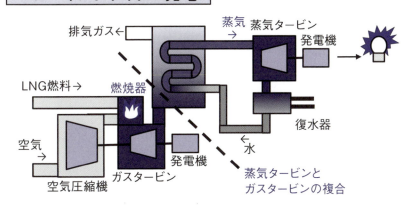

化石燃料の燃焼排出ガス量の比較

火力発電の特徴

- ○ 安定な電力
- ○ 出力調整容易
- × CO_2 排出
- × 燃料輸入
- × 燃料枯渇の可能性

燃焼排出ガス量

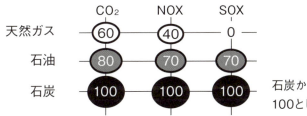

石炭からの排ガスを100とした場合

映画の中のエネルギー（7）

紙は何度で燃えだす？
－映画『華氏451』（1966年）－

　SF映画『華氏451』（英国、1966年）は、思想統制社会下で本の保有が禁じられており、消防隊が本の焼却の任務を負っている奇妙な社会が描かれています。消防士である主人公モンターグは偶然出会った可憐な女性クラリスの影響で本の魅力に目覚め、粛清を逃れてbook peopleが集まる部落に逃れますが、そこではさまざまな国からの50人近くの人々が各々の本を完全に暗記し、本の思想を伝承していたのでした。ナチスドイツ統治下のフランス風のタッチで描かれており、華氏451度（摂氏約233度）は本の素材である紙が燃え始める温度です。40年近くあとですが『華氏911』（米国、2004年）として、9.11の同時多発テロ下でのブッシュ政権批判としてのドキュメンタリー映画が作られています。華氏911度（摂氏約488度）は自由が燃える温度であるとしてのタイトルを模倣した映画です。

　華氏は人間の生活に即した温度として考案され、冬の寒い日の室外温度（-17.8℃）を0℉とし、体温（37.8℃）を100℉として定義されました。華氏と摂氏の変換は、正確には「摂氏温度＝(5÷9)×(華氏温度-32)」ですが、水の沸点は100℃＝212℉であり、数字を反転させた61℉＝16℃、82℉＝28℃の関係があり、覚えておくと便利です。ちなみに、米国や英国を旅行中は、気温0～30℃（30～90℉）の範囲ならば、「セ氏温度～（カ氏温度-30)÷2」で概算できます。

焚書の統制未来社会

『華氏451』
原題：Fahrenheit 451
原作：レイ・ブラッドベリ
製作：1966年　英国
監督：フランソワ・トリュフォー
出演：オスカー・ウェルナー、ジュリー・クリスティ
配給：ATG

第8章

＜現状編＞
生体エネルギーの利用と変換

生体エネルギーとは、生体内の化学エネルギーであり、宇宙の4つの力の中で原子・分子の電磁力を基礎としています。エネルギー利用ではATPが基盤となっており、神経や筋肉運動にも関連しています。再生可能なエネルギーとしてのバイオマス発電や生体環境発電についても説明します。

8-1   ＜現状編＞

生体エネルギーの基本

生物は生体内の化学反応（代謝）によりエネルギーの生成・消費を行っています。植物が太陽エネルギーを取り入れて生体を形作り、動物が植物を摂取して物質・エネルギーのサイクルが構成されています。

▶▶ 生物と生体エネルギー

生物とは、① 細胞で構成され、② 自己複製・繁殖し、③ 体内でエネルギー変換を行う複雑な有機物質系を意味します。生命の最小単位は細胞であり、DNA遺伝子情報が含まれています。自己保存の環境適合能力をもち、生物種の集団を形成します。すべての生物にとって生きていくためにはエネルギーが必要となります。生物全般の活動を支えるのは太陽からのエネルギーであり、水と空気（二酸化炭素と酸素）と物質（栄養分）が循環されて生物圏が構成されています（上図）。

植物は光エネルギーを直接利用し、二酸化炭素と水を材料として有機物を合成（光合成）します。このとき、光エネルギーを化学エネルギーへと変換して有機物の中に蓄えます。動物はこの植物の養分を食べることでエネルギーを得ています。一方、第3の生物としての菌類は葉緑素をもたず、植物の落ち葉や動物の排泄物を分解して養分を吸収します。すべての生物は、必要なときに有機物を分解（呼吸、発酵）して、それに合まれる化学エネルギーを取りだします。生体エネルギーとは、生物体内に蓄えられているこの化学エネルギーのことを指しています。

▶▶ 代謝としての同化と異化

生命活動を維持するためにたえず生体内で起こっている物質やエネルギーの変換のことを代謝といいます。エネルギーを吸収してより複雑な物質を生成する代謝のことを同化、エネルギーを放出してより簡単な物質に分解する代謝のことを異化といいます（下図）。二酸化炭素と水から有機物を合成する光合成には光エネルギーが必要です。逆に、こうしてできた有機物を分解するとエネルギーが取りだせます。代謝にともなうエネルギーの出入りや変換をエネルギー代謝といいます。生体エネルギーは生体内のアデノシン三リン酸（ATP）の高エネルギーリン酸結合として蓄積・変換されています。

144

8-1 生体エネルギーの基本

生物と生体エネルギー

生物の要件
① 細胞（外界との隔離）
② 代謝（エネルギー変換）
③ 自己増殖

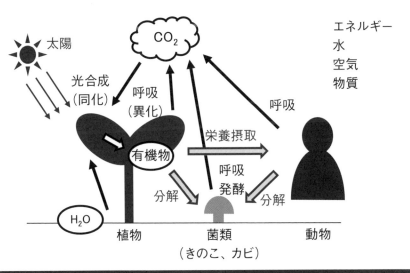

生命体と代謝

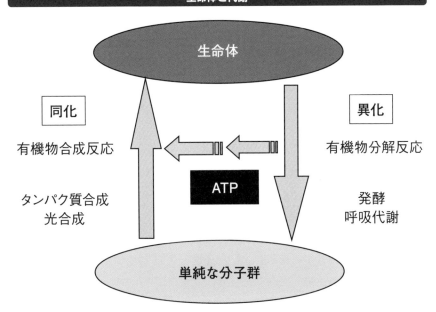

8-2 ＜現状編＞

生体エネルギーの利用と貯蔵

植物は光合成により光エネルギーから生体エネルギーをつくり、動物はその植物や小さな動物を栄養源として食することで生体エネルギーを蓄え、力学や電気、光などのエネルギーに変換・利用しています。

▶▶ 生物体内の化学エネルギー

　光合成や代謝の生体エネルギーは化学的エネルギーであり、ミクロ的にはマクスウェルの電磁力が源です。さらに、これらすべてが太陽からのエネルギー、すなわち、太陽内部の核融合エネルギーの強い力を利用しているといえます。

　生体エネルギーとは生物の体内の化学エネルギーであり、植物内では**光合成**により光エネルギーにより二酸化炭素と水から、化学エネルギーとしてのブドウ糖が作られます。逆に、呼吸代謝によりブドウ糖を酸化させる反応でエネルギーを得ることができます。1モルのグルコース（ブドウ糖）180gを燃焼させることで686kcalのエネルギーを生みだすことができます（**上図**）。

　動物は生体エネルギーを利用することで熱や筋肉の運動エネルギーを作りだすことができます。生体内で電気エネルギーも作られます。人体では神経系統の電気信号が利用されますし、電気ウナギのような動物では化学電池のように電気をつくることができます。生物自体をエネルギーとして利用する例として、バイオマスがあります。栽培系のバイオマスや生ゴミなどの廃棄物を利用しての化学エネルギーから燃焼により熱エネルギー、そして電気エネルギーに変換されます。

▶▶ ATPと高エネルギーリン酸結合

　すべての生体細胞内では、アデノシン三リン酸（APT）の高エネルギーリン酸結合に含まれている生体エネルギーがさまざまな形態のエネルギーに変換されます。ATPはアデニンにリボース（糖）が結びついたアデノシンに無機リン酸が3分子ついたものであり、リン酸同士の結合が切れてアデノシン二リン酸（ADP）に分解するときに大きなエネルギーを発生します（**下図**）。ATPは生体内のエネルギー代謝では仲介役を果たす生物に共通な合成物質であり、「エネルギー通貨」と呼ばれています。

8-2 生体エネルギーの利用と貯蔵

生体エネルギーと反応

呼吸代謝

ブドウ糖
$C_6H_{12}O_6$ + $6O_2$ → $6CO_2$ + $6H_2O$ + エネルギー
1molあたり
(180g)　　(6×32g)　　(6×44g)　(6×18g)　(686kcal)

光合成

光エネルギーによる上記の逆反応

ATPは「エネルギー通貨」

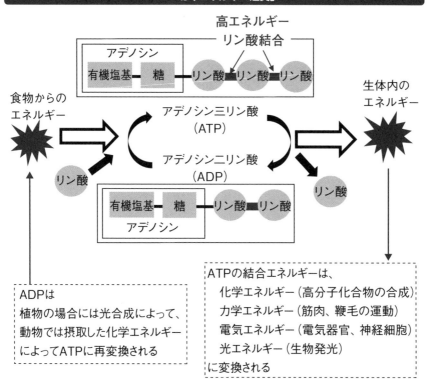

ADPは
植物の場合には光合成によって、
動物では摂取した化学エネルギー
によってATPに再変換される

ATPの結合エネルギーは、
　化学エネルギー（高分子化合物の合成）
　力学エネルギー（筋肉、鞭毛の運動）
　電気エネルギー（電気器官、神経細胞）
　光エネルギー（生物発光）
に変換される

ATP ⇄ ADP ＋無機リン酸＋エネルギー（7.3 kcal/mol）

ADP：Adenosine Diphosphate
ATP：Adenosine Triphosphate

8-3 <現状編>

神経と筋肉エネルギー

私たちの体には、脳や筋肉の活動により電気が発生しますが、細胞レベルで電気の発生が起きていることがわかっています。人間には200μAほどの微弱な「生体電流」が流れているのです。

▶▶ 神経系と生体電流

現代では、脳や筋肉の活動により電気が発生し、細胞レベルで電気の発生が起きていることがわかっています。人間には0.2mAほどの微弱な「生体電流」が流れています。特に、心臓には1マイクロアンペアほどの弱い電流が流れています。心臓や脳内の微弱な生体電流を測ることで、医療診断を行うことができ、心機能が停止した場合には、AEDによる電気ショックの適応もなされています。

神経や筋肉のように刺激によって顕著な反応を起こす細胞は**興奮性細胞**と呼ばれており、刺激によって細胞内へNa^+、K^+、Ca^+が一時的に透過率を増すことにより電圧（活動電位）が変化します（**上図右**）。**心電計**では心臓の筋肉（心筋）の活動電位の変化を測定します。心臓の活動電位は体表面にも伝搬するので、四肢や胸に電極を装着して誘導（電位差を測定）すると1mV程度の起電力が観測されます。脳での多数の神経細胞が発している活動電位の変化を測定するのが**脳波計**です。頭皮上に装着した電極で、頭蓋骨を通して集合的に誘導すると、数十μVのごく微弱な起電力が観測されます。

▶▶ 筋肉と運動エネルギー

人の体の約4割は、筋肉が占めています。筋肉は、随意筋としての骨格筋と、不随意筋としての心筋、平滑筋に大きく分類できます（**下図上段**）。これらの筋肉の運動にはATPが使われます。

骨格筋の構造と収縮の仕組みを**下図下段**に示しています。筋原線維の集まりは筋線維であり、これを束ねた筋束が集まって筋肉が作られています。最小単位としてのサルコメアの中の**ミオシン**がいっせいに変形することで、アクチンを動かし、筋肉を収縮させます。このメカニズムはリニアモータのメカニズムに相当し、多数のモータにより驚異的な力が生みだされています。

8-3 神経と筋肉エネルギー

神経系と活動電位

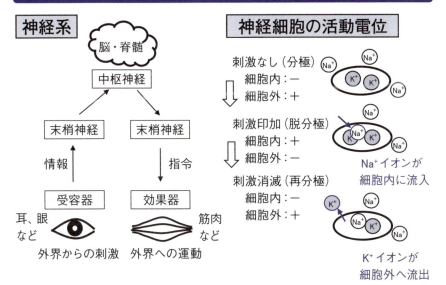

筋肉の分類と運動

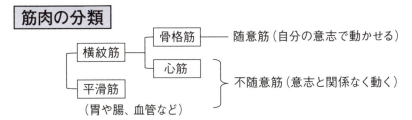

骨格筋の収縮の仕組み

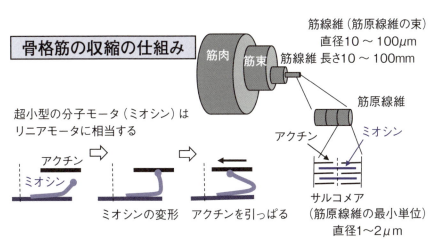

8-4 ＜現状編＞

バイオマス発電の仕組み（バイオから熱・運動そして電気へ）

生物をエネルギー・原材料・食料などの資源と考えたときに有機物で構成されている植物などの生物体を「バイオマス」と呼びます。バイオマス発電は「生きた燃料」を利用することになります。

▶▶ バイオ燃料

　自然エネルギーのなかでは、太陽や風力と異なり、バイオ燃料エネルギーは常時利用可能であり、エネルギー量を調整しやすい特長があります。**バイオマス**はCO_2のバランスを守る再生可能なエネルギーです。バイオマスを燃やし、蒸気タービンを回すことで発電ができます（**上図**）。バイオマスを燃やせばCO_2がでますが、もともと大気中にあったCO_2を光合成によって体内に固定化しているので、その利用によりふたたび大気中にCO_2が放出されたとしても、利用した分を植林で補えば、大気中のCO_2濃度のバランスを保つことができます。光合成の効率（太陽エネルギーに対するブドウ糖エネルギー生成率）は理論的には8％といわれていますが、バイオマスには植林によってエネルギーを蓄えることができる特長もあります。

▶▶ 微生物燃料電池

　微生物燃料電池（MFC）による発電では、有機物を含んだ排水が微生物により二酸化炭素と水素イオン（プロトン）と電子とに分解されます。これは酸化反応に相当します（**下図**）。プロトンは交換膜を通ってプラス極側に移動し、回路から供給される電子と空気中の酸素とから水が生成されます。これは還元反応です。燃料電池での酸化還元反応は、**ボルタの電池**と類似しています。ボルタの電池では、希硫酸水溶液中の亜鉛（＋極）と銅（－極）とのイオン化傾向の違いを利用して、電子と水素イオンの流れを起こします。燃料電池では、多孔質の白金が酸化還元反応の触媒作用を担います。一方、微生物燃料発電では、高価な白金の触媒や高純度の水素燃料ではなくて、**微生物発電菌**により発電されます。家庭では生ゴミや下水の処理などに活用できますが、発電のほかに工場廃水の浄化や枯渇資源（リンなど）の回収など、多目的な技術開発がなされています。

8-4 バイオマス発電の仕組み（バイオから熱・運動そして電気へ）

バイオマス発電

長所と問題点

○天候に左右されない
○生物資源の有効利用で環境にやさしい
△燃焼時にCO_2が排出される。
　　ただし、正味排出量はゼロ
　　　＝＞ さらなる対策としてBECCS

発電システム

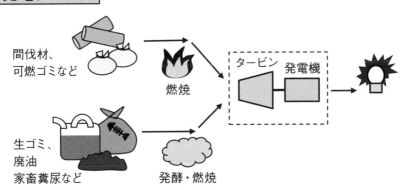

微生物燃料電池（MFC）の仕組み

MFC: Microbial Fuel Cell

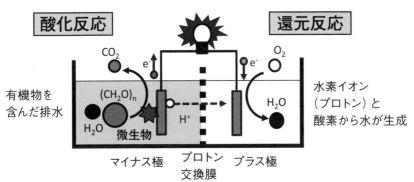

マイナス極（アノード）

　　　　　　　　　　微生物による分解
有機物　　　水　　　　　二酸化炭素　水素イオン　電子
$(CH_2O)_n + nH_2O \rightarrow nCO_2 + 4nH^+ + 4ne^-$

プラス極（カソード）

酸素　水素イオン　電子　　　　水
$O_2 + 4H^+ + 4e^- \rightarrow 2H_2O$

8-5 ＜現状編＞

身近な生体エネルギー利用
（生体環境発電）

人が運動するとき、いろいろなエネルギーを放出します。この人体のエネルギーを利用したウェアラブル発電デバイスとして、体温や手の運動を電気エネルギーに変えて動く腕時計がすでに商品化されています。

▶▶ 人間の動作と生体エネルギー発電

人間の動作により、生体エネルギーから力学、熱や化学エネルギーなどが得られます。手回し発電機や自転車のダイナモ発電機はよく知られた人間発電機ですが、衣類の摩擦による静電気発電や、発汗による乳酸塩を利用してのバイオ燃料電池（燃料電池内の酵素により乳酸塩と酸素分子との間で電子が交換されて発電）が試みられています。一方、人間の熱は腕時計の微小熱発電にも実用化されていますし、尿を利用した発電（**尿素燃料電池**）も試みられています（**上図下段**）。尿酸が尿素やアンモニアに分解されて、微生物により作られた電子は外部回路を通じて、水素イオン（プロトン）は交換膜を通してアノードに移動して、酸素と電子により水が作られます。尿素燃料電池は難民キャンプで実証実験が行われていますし、電力源の不安定な山小屋での照明に活用することも期待されています。

▶▶ 電気ウナギとフルーツ発電

動物生体発電の例として、電気ウナギ、電気ナマズなどがあります。敵の撃退や獲物の捕食のために高電圧を用い、周辺の探査には低電圧が用いられています。電気魚がもつ発電器官の細胞では、内側にカリウム陽イオンが、外側に多量のナトリウム陽イオンが存在します。興奮状態になると、細胞膜の性質が変化してナトリウムイオンが細胞内に入りやすくなり、細胞の内側の電圧負から正になります。**電気ウナギ（下図左）**の場合にはこの細胞が1枚0.15V程度であり、この電気板が数千枚直列に重なって、500Vほどの電圧が発生されることになります。学校の工作実験としてのレモン電池などの**フルーツ発電（下図右）**もあります。イオン化傾向の異なる銅板と亜鉛板を電極として用いたボルタの電池に相当し、果汁を電解質として発電します。市販の塩水電池も非常用電池として使われています。

8-5 身近な生体エネルギー利用（生体環境発電）

人体活用のバイオ発電

人体発電（発電する人間）

運動発電　　手回し発電機　　　体内電気(電気化学エネルギー)
　　　　　　摩擦静電気発電　　神経　　（電気エネルギー）
熱発電　　　腕時計　　　　　　体液　　（化学エネルギー）
汗発電　　　バイオ燃料電池　　筋肉運動(力学エネルギー)
排泄物発電　尿発電　　　　　　体温　　（熱エネルギー）

尿素燃料電池（発電するトイレ）

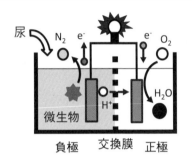

$C_5H_4N_4O_3$　　CH_4N_2O　　　NH_3
尿酸　→　尿素　→　アンモニア

→　窒素 ＋ 陽イオン ＋ 電子
　　N_2　　　H^+　　　　e^-

動植物利用の環境発電

動物発電　　　　　　　　　　植物発電
　電気魚（電気ウナギ、電気ナマズ）　　田んぼ発電
　動物体液発電（カタツムリ発電）　　　植物樹液発電

電気ウナギ発電

興奮時に頭がプラス電圧
最大600ボルト
ボタン電池の積層に相当

レモン電池（科学教材用）

亜鉛は銅よりも陽イオン化しやすい

第8章　生体エネルギーの利用と変換

8-6 ＜現状編＞

未来の生体エネルギー利用
（人工臓器とサイボーグ）

ロボットは私たちの生活で掃除や介護などで多様に活用されています。現在、
ウェアラブル（身に着け型）からインプランタブル（埋め込み型）へと進化して
おり、医療や生体機能強化に供されています。

▶▶ サイボーグとアンドロイド

　完全に機械で作られた人型ロボットは**ヒューマノイド**あるいは**アンドロイド**とい
いますが、自動制御系の技術（cybernetics、サイバネティックス）を生命体
（organ）に融合させた人造人間は**サイボーグ**（cyborg）と呼ばれます。人間・動物
の身体機能を機械的に補助した生命体であり、このサイボーグ技術はSFのアニメ
や映画で登場します。実際に人間とAIとの融合を試みた例もあります。イギリスの
ロボット工学者ピーター・スコット＝モーガン博士は、58歳で全身が徐々に動か
なくなるALS（筋萎縮性側索硬化症）に侵され、余命2年の宣告を受けて、人類初
のAIと融合したサイボーグとして生きることを選択します。胃ろう、人工肛門、人
工呼吸器やコンピュータ上のアバター（自分の分身）を利用し、脳波を操作しての
近未来的な技術でしたが、志半ばの64歳でこの世を去ります。

▶▶ 人工臓器とIoH

　現代では、部分的な**インプラントデバイス**（埋め込み機器）が医療、機能強化、遠
隔操作などの目的で利用されています。義足、人工関節やに加えて、人工心臓、人工
のペースメーカーが体に埋め込まれて役立っています。ペースメーカーの場合、電
池は通常10年未満なので、装置の小型化や電池の長寿命化、自立発電電源の開発
が進められてきています。

　情報通信技術（ICT）の進展にともなって、多くの「モノ」がインターネットにつ
ながるようになり、IoTからさらに**IoH**（人間のインターネット）へと変遷していま
す（**下図**）。スマートグラスからスマートコンタクトレンズへと変遷し、さらにマイ
クロチップを手などの体内に埋め込む方式が開発されてきており、ウェアラブル
（身に着け型）からインプランタブル（埋め込み型）へと進化しています。

154

8-6　未来の生体エネルギー利用（人工臓器とサイボーグ）

サイボーグとバイオミメティクス（生物模倣）

ロボット	アンドロイド ヒューマノイド（人造人間）	サイボーグ（改造人間）	クローン人間（コピー人間）	ヒューマン（人間）
機械	人型機械	生命体と機械との融合		
簡易人工知能 人間の補助	人工知能 自律行動	人工知能 特殊能力		
（SFアニメ） ガンダム マジンガーZ	（SF映画） 鉄腕アトム フランケンシュタイン ブレードランナー	（SF映画） 仮面ライダー ロボコップ	（倫理的厳禁）	
介護ロボット 二足歩行ロボット 動物型ロボット		難病対策		

バイオミメティクス（生物模倣）技術の活用

人工臓器とIoH

人工臓器

ウェアラブル（身に着け型）	義足など
インプランタブル（埋め込み型）	人工臓器など

ICT（情報通信技術）　IoTからIoHへ

Internet　　　　　　　　　　　サーバーとデスクトップ（卓上型）パソコンの接続
↓
IoD（Internet of Digital）　　モバイル（可動型）コンピュータ同士の接続
　　　　　　　　　　　　　　　ノートパソコン、タブレット、スマートフォン
↓
IoT（Internet of Things）　　「モノ」のインターネット
　　　　　　　　　　　　　　　ウェアラブル（身に着け型）の接続
↓
IoH（Internet of Humans）　「ヒト」のインターネット
　　　　　　　　　　　　　　　インプランタブル（埋め込み型）機器の接続
↓
IoE（Internet of Everything）　「すべて」のインターネット

COLUMN 8

映画の中のエネルギー（8）

生命体は転送できる？
－映画『スタートレック』（2009年）－

　スタートレックは、1966年の『スタートレック/宇宙大作戦』をはじめとして、テレビドラマや劇場版映画として、数々の作品が公開されてきました。この作者はジーン・ロッデンベリーですが、死後、世界初の宇宙葬で弔われたことは有名です。

　スタートレックの映画の中には、興味深い未来科学のテーマが散りばめられています。宇宙船USSエンタープライズ号でのカーク船長、バルカン人のスポック中佐、ミスター加藤らの登場人物が織りなす宇宙ドラマですが、宇宙船の超光速ワープ航法、人物のテレポーテーションのための転送装置などは、スタートレックで初めて考案された空想科学技術です。人体の転送は、生命体を原子・分子レベルまで分解して転送し、再合成する夢の技術としています。ちなみに、アインシュタインが認めなかった「量子テレポーテーション」は、物質の瞬間移動と異なり情報の移動に関連する物理です。

　映画のリブート版として、J.J.エイブラムス監督の2009年の第1作映画『スタートレック』があります。2259年を想定した平行宇宙での物語であり、オリジナルのプライム・タイムラインに対して、異なるタイムラインを歩み、異なる宇宙での異なる歴史をたどる物語です。強大なロミュラン帝国をもくろむネロたちにより、バルカン星の中心に人工ブラックホールが作られ、星は完全に消滅させられてしまいます。ブラックホール発生物質としての「赤色物質」を星の内部に埋め込んで、重力の「特異点」を作りだすとしています。これには、膨大なエネルギーを扱えないかぎり不可能ですが、「ペンローズ過程」などのブラックホールのエネルギー利用など、未来科学技術の一端が実現する日がくるかもしれません。

スタートレックでの
テレポーテーション（瞬間移動）

『スタートレック』
原題：Star Trek
原作：ジーン・ロッデンベリー
製作：2009年　米国
監督：J.J.エイブラムス
出演：クリス・パイン、ザカリー・クイント
配給：パラマウント映画

第9章

＜現状編＞
核エネルギーの利用と変換

核エネルギーの利用には安全性が前提です。核エネルギーの歴史と原理について述べ、核エネルギーの利用と核燃料資源の増殖について触れ、直接エネルギー変換や放射線の利用にって説明します。最後に、原子力発電と核融合発電の仕組みについてまとめます。

9-1

＜現状編＞

核エネルギーの歴史

核エネルギーとしては、核分裂、核融合、そして、放射線があります。レントゲンによるX線の発見やアインシュタインの特殊相対性理論を基礎として確立されてきました。

▶▶ 核エネルギーの発見

原子炉（核分裂炉）開発では1938年にオットー・ハーンにより核分裂が発見され、1942年には連鎖反応実証実験として、エンリコ・フェルミによるシカゴ大学での原子炉臨界実験（シカゴパイル実験）が行われました。一方、核融合反応の発見は核分裂発見よりも早く、1919年のE.ラザフォードによる原子核反応実験がありました。窒素原子核にアルファ線を当てることで核融合反応が起こり、陽子を放出してより重い酸素原子が生成されました（**上図**）。天然原子炉の可能性は1956年にアーカーソン大学の黒田和夫博士により指摘され、アフリカのガボン共和国オクロ地区で、20億年前にでき約60万年もの間核分裂連鎖反応が続けられていたことが1972年に確認されました。一方、宇宙では太陽や星が天然の巨大なプラズマ・核融合炉であることが1920年にアーサー・エディントンにより示唆されています。

日本の核融合炉開発は1950年代から開始されて、国内独自開発と国際協力とで進められてきました。国際熱核融合実験炉（ITER）計画は数回延期され、2025年現在では点火予定は2033年となっています。

▶▶ 核エネルギーの軍事と平和利用

日本にとっての核エネルギーとの出合いは、1945年8月の広島や長崎での原子爆弾という不幸な出来事でした。一方、平和利用としての原子炉では、反応に寄与する中性子のエネルギーの違いで熱中性子炉や高速炉があります（**下図**）。

原子爆弾（核分裂爆弾）では臨界量の制限から大型化はできませんが、水素爆弾（核融合爆弾）では数メガトン級（TNT火薬で数百万トン級）以上の爆弾が可能です。1952年にエニウェトク環礁で米国による人類初の水爆実験が行われました。平和利用としては、磁場および慣性核融合の開発が進められています。

9-1 核エネルギーの歴史

核エネルギーの歴史

1895年　ヴィルヘルム・レントゲン（独）によるX線の発見
1898年　キュリー夫妻（仏）によるラジウムの発見

1905年　アインシュタイン（独）の特殊相対性理論

1919年　アーネスト・ラザフォード（英）による原子核変換（核融合）実験
　　　　$^{14}_{7}N + {}^{4}_{2}He \rightarrow ({}^{18}_{9}F) \rightarrow {}^{17}_{8}O + p$
1938年　オットー・ハーン（独）による核分裂の発見
　　　　$^{235}_{92}U + n \rightarrow ({}^{236}_{92}U) \rightarrow {}^{144}_{56}Ba + {}^{89}_{36}Kr + 3n$
1942年　エンリコ・フェルミ（伊）によるシカゴパイル実験（最初の原子炉）
2033年　国際熱核融合実験炉（ITER）の完成予定（2025年から延期）

核エネルギーの軍事と平和利用

核分裂反応

原子爆弾　　ウラン爆弾（広島型）　　U-235
　　　　　　プルトニウム爆弾（長崎型）　Pu-239

原子炉　　　熱中性子炉（軽水炉、重水炉ほか）　BWR、PWR
　　　　　　高速炉（転換炉、増殖炉）　FBR

　　　　　　BWR：Boiling Water Reactor
　　　　　　PWR：Pressurized Water Reactor
　　　　　　FBR：Fast Breeder Reactor

核融合反応

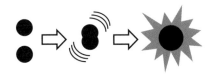

水素爆弾　　原爆起爆の水素爆弾（現状）
　　　　　　純粋水素爆弾（実現困難）

核融合炉　　磁場核融合（トカマク型が代表的）
　　　　　　慣性核融合（レーザー型が代表的）

| 9-2 | ＜現状編＞ |

核エネルギーの原理

人間社会では、一人では孤独で寂しく、大勢では喧嘩になります。適度な大きさがあるように、原子にも丁度安定な原子核の質量があります。もっとも安定で結合エネルギーが大きいのが鉄（Fe）元素です。

▶▶ 核反応での質量欠損とエネルギー

　強い力に関連して、真空中の光速cを用いて質量mとエネルギーEの関係$E=mc^2$が1905年のアインシュタインの特殊相対性理論により明らかにされました。これを「質量とエネルギーの等価」といい、慣性系（等速運動系）において光速不変原理と相対性原理（座標系によらず物理法則は不変）から導かれたものです。

　重水素と三重水素からヘリウムと中性子ができる反応を考えてみましょう（上図）。ヘリウムと中性子の各々の正確な質量の和が、重水素と三重水素の各々の質量の和より小さいことがわかります。質量の一部が反応によって失われ（質量欠損）、エネルギーに変換されます。実際のDT反応では、反応前後で陽子の質量のおよそ2%弱の質量が減少しており、その質量欠損分が核反応での発生エネルギーとなっています。

▶▶ 元素組成と核子の結合エネルギー

　太陽系の元素のなかでもっとも相対組成比の多いのは水素、次にヘリウムであり、リチウムを含めてビッグバンで生成された元素です。原子番号26の鉄までは恒星内部の核融合反応で作られ、鉄よりも重い重元素は、超新星爆発によるエネルギーやクーロン障壁の影響を受けない中性子捕獲反応により生成されたと考えられています（下図左）。

　原子1個あたりの結合エネルギーを下図右に示しましたが、もっとも結合エネルギーが強くて安定なのが質量数56の鉄です。水素のように軽い原子核が融合すると、エネルギーを放出してより安定な状態になります（核融合反応）。一方、ウランのような重い原子核に中性子が当たると、より軽い原子核に分裂し、そのときにエネルギーが発生します（核分裂反応）。核内の結合エネルギーの質量依存性は、各種効果を組み入れた「ベーテ・ワイゼッカーの質量公式」で評価されます。

9-2 核エネルギーの原理

質量欠損と核反応エネルギー

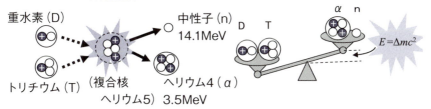

質量
$m_D = (2-0.00099) m_p$
$m_T = (3-0.00628) m_p$
$m_\alpha = (4-0.02740) m_p$
$m_n = (1+0.00138) m_p$
m_p は陽子の質量 (1.6726×10^{-27} kg)

質量欠損
$\Delta m = (m_D + m_T) - (m_\alpha + m_n)$
$= 0.01875 m_p$

核反応エネルギー
$E = \Delta mc^2 = 17.6$ MeV
c は光の速度 (3×10^8 m/s)

結合エネルギーの質量依存性

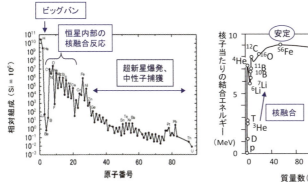

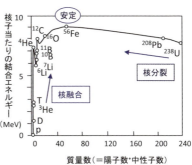

水素 (71%) ヘリウム (27%) で全体の98%
重水素は10^{-3}%で、Li, Be, Bは10^{-7}%
一方、C, N, Oは0.1%

核子1個あたりの結合エネルギーが
もっとも高いのは (^{56}Fe) であり、
もっとも安定

第9章 核エネルギーの利用と変換

9-3 ＜現状編＞

核エネルギーの利用と蓄エネルギー

通常の身近なエネルギーの力の源は重力や電磁力です。核力を源とする核エネルギーは身近に感じることはほとんどありませんが、太陽での核融合反応や地球内部の地熱の放射性崩壊反応によるエネルギーがそれに相当します。

▶▶ 核エネルギー反応の生成と利用

核反応では、粒子加速などのエネルギーにより核反応が誘起されて、高いエネルギーをもった核反応生成物が放出されます。原子炉（核分裂炉）では熱中性子や高速中性子がウランなどの核燃料に衝突することで、核分裂反応が起こり、核反応生成物として核エネルギーが解放されます。核融合反応では、力学的な**粒子ビーム衝突反応**やプラズマの高温化による熱エネルギーによる**制御熱核融合反応**により、核融合エネルギーが解放されます。ガンマ線（光）が原子核に照射された場合には核反応が誘起される場合もあり、**光核反応**と呼ばれます。

核エネルギーの利用では、生成粒子の運動を利用するロケット推進などの力学エネルギーへの変換があります。また、生成粒子エネルギーを静電的に捕獲して直接発電するか、または、熱エネルギーに変換してタービンによる蒸気発電を行うかにより、電気への変換がなされます。核エネルギーとしての放射性崩壊による放射線が生体に吸収されて、生体エネルギーに影響をおよぼすことも、エネルギー変換として無視することはできません。

▶▶ 核エネルギーの増殖

核燃料の保管、増殖により、核エネルギーの有効利用が可能となります。特に、原子炉ではウラン238が中性子を吸収してプルトニウム239に転換する比率（転換比）が1未満を転換炉、高速中性子を利用して転換比1以上（実際は1.2ほど）を増殖炉と呼びます。通常の原子炉（軽水炉）でも転換比は0.6です。核融合炉では、核分裂炉と組み合わせて、トリチウム燃料をリチウムから生成する燃料生成炉も構想できます。

原子炉からの放射性廃棄物には、貴重な核燃料資源が含まれています。再処理により使用済み核燃料の有効利用が可能となります。

9-3 核エネルギーの利用と蓄エネルギー

核エネルギーの変換

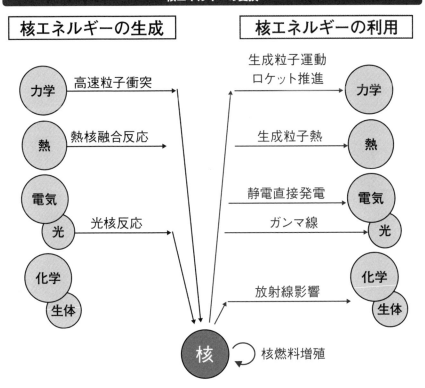

核エネルギーの燃料増殖と保管

原子炉での核燃料の増殖

　新型転換炉（燃料転換比＜1）
　高速増殖炉（燃料転換比＞1）
　核融合燃料生成炉（トリチウム生成）

放射性廃棄物の保管・再処理

9-4 ＜現状編＞

核燃料の資源の増殖

核燃料の資源量は、原子炉での放射性ウランでは百年分ほどであり、核融合炉での重水素は豊富ですが三重水素はほとんど存在しません。プルトニウム増殖のための高速中性子炉や、リチウムからトリチウム燃料の生成が必要になります。

▶▶ ウランからプルトニウムへ

原子炉では、熱中性子（エネルギーが0.025電子ボルト）が共鳴核反応でウラン235に捕獲され、2つの原子核AとBとの2個に分裂し、2〜3個の高速中性子が放出されます。原子核AとBはさまざまな質量数の核種です（**上図**）。高速中性子は軽水などで減速されてふたたびウラン235に吸収され核分裂連鎖反応が維持されます。

高速増殖炉では、天然ウランの99%以上であるウラン238をブランケット燃料として設置します。これに中性子が捕獲されると不安定なウラン239が生成され、電子を放出してのベータ崩壊によりネプツニウム239からプルトニウム293の燃料が生成されます。生成された**プルトニウム**は、高速炉の燃料として、あるいは軽水炉でのプルサーマル運転での燃料として活用されます。

▶▶ リチウムからトリチウムへ

トリチウム（T、三重水素）は自然界では宇宙線などにより生成されますが、半減期は12.3年であり、天然にほとんど存在しません。初期的な燃料としてのトリチウムは原子炉から採取できますが、大量の核融合炉燃料としてはリチウム（Li）からの核変換により生成する必要があります。重水素・三重水素（D・T）核融合炉では、DT反応により不安定なヘリウム5からヘリウム4（^{4}He、アルファ粒子）と中性子（n）が作られます（**下図上段**）。この中性子をベリリウムなどの中性子増殖材を通して中性子数を増やして、リチウムを含むブランケットに吸収させて核変換により三重水素（T）燃料を増殖します。リチウム6に中性子が捕獲されて不安定なリチウム7からトリチウムとヘリウム4が作られます（**下図下段**）。そのときの反応エネルギー4.8MeVも核融合炉の熱エネルギーとして発電に利用されます。

9-4 核燃料の資源の増殖

核分裂燃料の増殖

ウラン核分裂反応

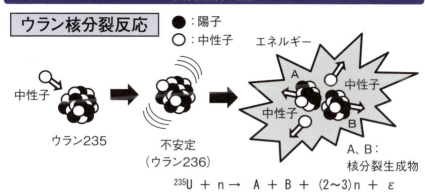

$^{235}U + n \rightarrow A + B + (2〜3)n + \varepsilon$

プルトニウム増殖反応

$^{238}U + n \rightarrow \ ^{239}U \rightarrow \ ^{239}Np + e^- \rightarrow \ ^{239}Pu + 2e^-$
中性子捕獲　ベータ崩壊　ベータ崩壊

核融合燃料の増殖

DT核融合反応

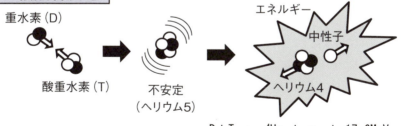

$D + T \rightarrow \ ^4He + n + 17.6MeV$

トリチウム燃料増殖

$^6Li + n \rightarrow T + \ ^4He + 4.8MeV$

9-5 ＜現状編＞

核反応生成物の利用
（核から粒子運動、電磁波へ）

核エネルギーは生成反応粒子の運動エネルギーや放射線の電磁エネルギーの総
和として解放されます。それを直接電気に変換するか、あるいは、熱エネルギー
として熱機関により回転エネルギーに変換して発電に利用されます。

▶▶ 反応生成物と核エネルギー利用

　核分裂反応では、質量の大きなウラン原子核U-235と中性子（n）が反応して、2
つの半分程度の質量の粒子に分裂し、同時に中性子が数個（ウラン235の場合には
平均2.5個）排出されます。同時に10MeVほどのニュートリノ（中性微子）も排出
され、発生エネルギーは平均およそ200MeVであり、核分裂反応で生成した中性
子は平均約2MeVほどです。生成される粒子A、Bの生成率は二重のピークの質量
依存性があります（**図上段**）。

　核融合反応では、反応エネルギーは反応前後の質量の差（質量欠損）で決まり、
どの生成物がどれだけのエネルギーとなるかは、運動量の保存則とエネルギーの保
存則から定まります。反応前のエネルギーは反応後のエネルギーに比べて無視でき
る場合には、反応生成物C、Dの速度比は質量比に反比例するので、エネルギー比
も質量比に反比例することになります（**図中段**）。たとえば重水素・三重水素反応の
場合には、生成粒子C（α）とD（n）との質量比は4：1なので、全体の質量欠損エ
ネルギーε＝17.6MeVから、αが3.5MeV、nが14.1MeVとなります。

　対消滅反応の場合には、粒子と反粒子との反応により、質量が完全に光子（電磁
波、ガンマ線）のエネルギーに変換されます（**図下段**）。反粒子とは、粒子と質量と
スピンが同じであり電荷が逆の粒子です。電子（エレクトロン）と反電子（ポジトロ
ン）との対消滅により0.51MeV（電子の静止エネルギー）のガンマ線が2本発生し
ます。陽子（プロトン）はクォークの結合した複合粒子（質量は940MeV）なので、
反陽子（アンチプロトン）との対消滅衝突では数個のパイ中間子が生成されます。
逆に、粒子・反粒子の質量エネルギーよりも大きなエネルギーを与えることで、光
子エネルギーから**対生成反応**（粒子と反粒子の生成）が起こります。

9-5 核反応生成物の利用（核から粒子運動、電磁波へ）

核反応の生成物

核分裂

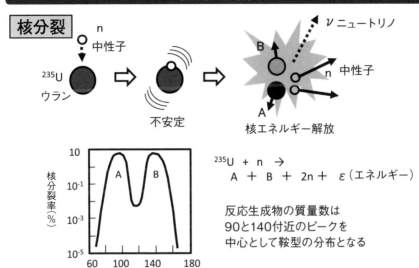

$^{235}U + n \rightarrow$
$\quad A + B + 2n + \varepsilon$（エネルギー）

反応生成物の質量数は
90と140付近のピークを
中心として鞍型の分布となる

核融合

生成粒子の
運動エネルギー

$$W_C = \frac{m_D}{m_C + m_D}\varepsilon$$

$$W_D = \frac{m_C}{m_C + m_D}\varepsilon$$

$A + B \rightarrow C + D + \varepsilon$（エネルギー）

対消滅

$X + \bar{X} \rightarrow 2\gamma + \varepsilon$（エネルギー） $\quad \varepsilon = 2m_X c^2$

9-6 <現状編>

直接変換による核エネルギー利用（核から直接電気へ）

原子炉での一般の発電では、核エネルギーとしての反応生成粒子エネルギーを熱に変換して、タービンで発電機を回して電気をつくります。直接発電では、MHD発電や静電発電方式があります。

▶▶ MHD発電

MHD発電とは電磁流体発電ともいわれ、超伝導コイルにより生成された磁界中に導電性流体を流すと、フレミングの右手の法則に従って起電力が誘起され、この電圧が電極を介して外部に取りだされます（**上図**）。実際には電場（E）と磁場（B）から決まるE×Bドリフトに粒子衝突の効果を加味したホール電流の効果（ファラデー電流と磁界の双方に直角に起電力が生じる）が重要となるので、電極分割のファラデー型やホール型のMHD発電が開発されてきています。開放形システムではノズルから燃焼ガスを、密閉形ではヘリウムなどの希ガスや液体金属が作動流体として使われます。可動部分がないので2000〜3000度の高温での運転が可能であり、高温ガス炉などの大容量超高温発電に適しています。発電効率は50％以上が期待できますが、電極の腐食の問題などで困難に直面しています。

▶▶ 静電直接発電と電磁結合発電

核融合炉では、プラズマ燃料を用いた核融合炉特有の直接発電も構想されています。理想の核融合反応は、材料の放射化を誘起する中性子が生成されない反応であり、生成荷電粒子のエネルギーはプラズマの加熱に利用され、プラズマから損失する荷電粒子を静電的に捕獲して、**静電直接発電**を行うことができます。開放端型（ミラー型）核融合炉の端の磁力線を膨張させて、電子は負のポテンシャルで押し返すか、あるいは急峻に曲げた磁力線に巻きつけて捕捉して、イオンはエネルギーの違いでコレクターに捕獲して電圧を生成することができます（**下図上段**）。また、磁場を含んだプラズマが核融合反応で動的に運動することで、磁化プラズマとパルス磁場コイルとの電磁誘導現象を利用した**電磁結合発電**や、プラズマと液体金属壁との力学的ピストン発電も構想されています（**下図下段**）。

9-6 直接変換による核エネルギー利用（核から直接電気へ）

MHD発電

MHD：Magneto-Hydro-Dynamics 電磁流体力学

2000～3000℃のガス流体の
高温ガス炉や核融合炉で適用可能

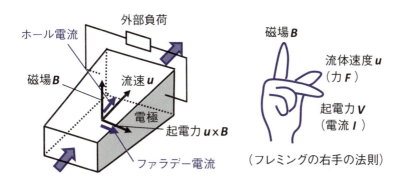

直接エネルギー変換

静電捕集型

定常直線型に最適

核融合炉に適用可能

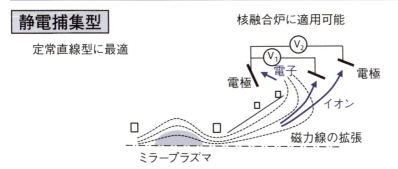

電磁結合型

パルスCT（コンパクト・トーラス）型に最適

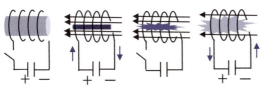

電源充電 → 放電・圧縮 → 核融合 → 膨張・充電

核融合での膨張エネルギーを
電磁誘導の原理で発電に
利用する

高ベータでD^3He核融合
プラズマで有効

9-7 <現状編>

放射線のいろいろな利用

放射線の利用として、X線CT（コンピュータ断層撮影）などの医療画像診断、レーザーや重粒子線利用のがん治療、植物の品種改良、非破壊検査などがあります。その強さの単位や宇宙での原子力電池について述べます。

▶▶ 放射線のいろいろな単位

　放射線と放射能は似ているようでまったく異なります。**放射線**とは、原子核が壊変（崩壊）するときに発生する高速の粒子（α線、β線、中性子など）や高エネルギーの電磁波（γ線、X線など）を意味します。一方、**放射能**とは、放射線を発生させる能力や性質であり、放射能をもつ物質を**放射性物質**と呼びます（**上図**）。

　放射能の強さは、原子核が1秒間に1回壊れて放射線をだす能力で、1ベクレル（Bq）と定義します。空気中を放射線が通過するときに、1kgの乾燥空気（約770リットル）を電離して1クーロンの電荷を生成する放射線の線量を照射線量といい、1クーロン毎キログラム（C/kg）を用います。放射線が1kgの物体にあたったときに吸収されるエネルギーを**吸収線量**といい、1ジュール（J）のとき、1グレイ（Gy）と定義します。吸収線量が同じでも、放射線の種類・エネルギーや臓器・器官で影響は異なるので、人体への影響を表すために吸収線量（Gy）に放射線荷重係数を乗じた量を**等価線量**と定義します。単位はシーベルト（Sv）です。

▶▶ 原子力電池

　宇宙空間では機器の自由なメンテナンスが困難なので独立電源が必要となり、太陽系内の宇宙ステーションでは太陽電池が使われています。一方、太陽光の陰になる場所や、ボイジャー計画のような太陽系外への航行には、放射線による熱を使った**原子力電池**が使われています（**下図**）。放射性物質を内部熱源としたペレットを積み上げたモジュールをつくり、その周りに熱電発電素子を配置します。放射線源としては、エネルギーは高いが物質への透過力が低いアルファ粒子を放射するプルトニウム238などの半減期の長い同位体が用いられます。外部には放熱フィンを取りつけて内外の温度差をつくります。**放射性同位体熱電気転換器**（RTG）と呼ばれ、火星での探査機キュリオシティで活用されてきました。

9-7 放射線のいろいろな利用

放射線の発生と単位

放射性崩壊

放射性物質 → 放射線(α、β、γ)
不安定 → 安定

放射線

α（アルファ）線　アルファ粒子線（正電荷）
β（ベータ）線　電子線（負電荷）
γ（ガンマ）線　電磁波

放射線量単位

放射性物質 → 空気 → 放射線 → 物体／人体

放射性強度 1Bq ＝1壊変/s
照射線量 1C/kg

吸収線量
1Gy ＝1J/kg

等価線量
1Sv ＝1Gy×放射線荷重係数

実効線量
1Sv ＝Σ(1Gy×放射線荷重係数×組織荷重係数)

Bq ：ベクレル
C/kg：クーロン毎キログラム
Gy ：グレイ
Sv ：シーベルト

原子力電池

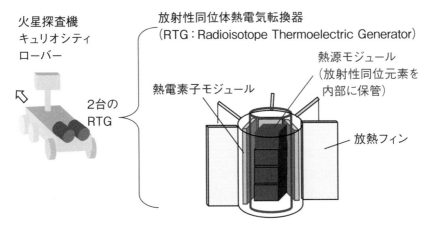

火星探査機 キュリオシティ ローバー
2台のRTG

放射性同位体熱電気転換器
（RTG：Radioisotope Thermoelectric Generator）

熱電素子モジュール
熱源モジュール（放射性同位元素を内部に保管）
放熱フィン

9-8 ＜現状編＞

原子力発電の仕組み
（核から熱・力学そして電気へ）

人類にとって火は宝です。私たちは、第2の火「電気」、第3の火「原子力」を手に入れ、文明を発展させてきました。核エネルギー利用には核燃料や冷却材の違いでさまざまなシステムがあります。

▶▶ 原子炉の仕組み

原子炉では、核燃料に内在する核エネルギーを核反応生成粒子の力学エネルギーを熱エネルギーとして冷却材により取り込み、熱機関サイクルにより電気エネルギーに変換します（**上図上段**）。核反応の原理にもとづき、原子炉を燃料や冷却・減速材などから分類できます（**上図下段**）。ウランを燃料とする熱中性子炉（熱炉）と、プルトニウムを燃料とする高速中性子炉（高速炉）があり、プルトニウムを一部含んだMOX燃料を用いるプルサーマル炉もあります。冷却材としては、軽水（普通の水）炉としての沸騰水型のBWRと加圧水型のPWRがあります。ヘリウムガスは高温ガス炉で、液体金属は高速増殖炉で利用されます。

軽水炉では、出力制御用の制御棒、非常用炉心冷却装置（ECCS）と5つの壁（多重防護）で守られてきました。ウラン燃料はペレットとして焼結し、ジルコニウム製の被覆管で燃料集合体をつくります。第3の壁がステンレス鋼製の圧力容器、第4が格納容器、そして、第5の壁として原子炉建屋で守られています（**上図下段**）。

▶▶ 原子炉の用途と開発

原子炉は発電以外に熱の供給や水素製造用に利用できます。核燃料製造用の原子炉もあります。医療用の放射線源として、また、原子力潜水艦やロケットなどの推進動力としても使われています（**下図**）。

原子炉の開発は、実験炉から技術的実証の原型炉、経済性・安全性実証の実証炉、そして商用化の実用炉として計画が進められてきました。BWRやPWRの軽水発電炉は実用炉として確立されてきましたが、高速増殖炉は日本では原型炉「もんじゅ」があり、廃炉となっています。核融合炉では、実験炉「イーター（ITER）」が国際協力としてフランスで建設中です。

9-8 原子力発電の仕組み（核から熱・力学そして電気へ）

原子炉の構成と分類

核エネルギーから電気エネルギーへ

核エネルギー（燃料）
　↓　　　　　　　　　：核反応の種類
力学エネルギー（核反応生成物）
　↓　　　　　　　　　：増殖材・減速材（中性子の増殖・減速）
熱エネルギー（冷却材）
　↓　　　　　　　　　：熱機関サイクル
電気エネルギー

加圧水型原子炉（PWR）のイメージ図

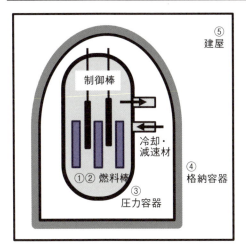

- 燃料による分類
  - ウラン（熱炉）（BWR、PWR）
  - トリウム
  - MOX燃料（プルサーマル炉）
  - プルトニウム（高速炉）

- 冷却材による分類
  - 軽水（BWR、PWR）
  - 重水
  - ヘリウムガス（高温ガス炉）
  - 液体金属（高速増殖炉）

5重の壁
① 燃料棒内ペレット
② 燃料棒被覆管
③ 圧力容器
④ 格納容器
⑤ 原子炉建屋

原子炉の用途と開発

用途　　発電用
　　　　熱電併給用
　　　　水素製造用
　　　　核燃料製造用
　　　　放射線利用（材料試験用、医療用）
　　　　推進用（原子力船、ロケット）

開発段階　実験炉、試験炉（原理実証）：核融合炉「ITER」
　　　　　原型炉（技術実証）　　　　：高速増殖炉「もんじゅ」
　　↓　　実証炉（経済性、安全性）
　　　　　実用炉　　　　　　　　　　：商用軽水炉

9-9 <現状編>

未来の核エネルギー（核融合）

地球上の生物は、母なる太陽からの熱と光の恩恵を受けて進化・発展してきました。太陽は水素のプラズマで構成されている巨大な天然の核融合炉です。これを地上で実現させるために研究開発が進められています。

▶▶ 核融合エネルギー発電の仕組み

核融合を起こさせるためにはプラズマを高温・高密度にして長時間閉じ込める必要があります。太陽では、自分自身の大きな重力によりプラズマが閉じ込められています。核融合エネルギーを地上で生成するためには、磁場による核融合プラズマの閉じ込めか、レーザーによる慣性閉じ込めの方式が用いられます。核融合炉の中心のプラズマから核融合エネルギーを発生させます（**上図**）。磁場核融合ではプラズマ保持のための超伝導コイルが不可欠です。反応で生成される中性子は炉心を取り巻くブランケットの中で熱エネルギーに変換されます。高温の冷却水は熱交換器を介して蒸気を発生させ、蒸気タービンによる発電を行います。理論上は燃料1グラムから石油8トン分の膨大なエネルギーが得られます。

原子炉と比較して核融合炉発電は、燃料が海水中に無尽蔵にあること、核暴走がなく安全性・環境保全性が高いこと、放射性廃棄物も少ないこと、などの魅力があります。現在はトカマク型の**国際熱核融合実験炉**（ITER、イーター）の建設が国際協力で推進されています。

▶▶ 核融合炉による発電と水素製造

核融合炉からの熱エネルギーを利用して、熱機関による電力生成と同時に、熱化学水分解によりクリーンな化学エネルギーとしての水素を生成することができます（**下図**）。生成した電気エネルギーから水の電気分解の方法による水素製造も可能です。温室効果ガスとしての排気二酸化炭素をリサイクルして、炭化水素を用いても水素が製造できます。化学エネルギーとしての水素から電気エネルギーの電力への変換は、燃料電池で可能です。資源豊富でクリーンな1次エネルギーと、クリーンで使いやすい電力と水素の2次エネルギーのシステムの未来構築のためにも、核融合炉への期待が高まっています。

9-9 未来の核エネルギー（核融合）

核融合エネルギー発電

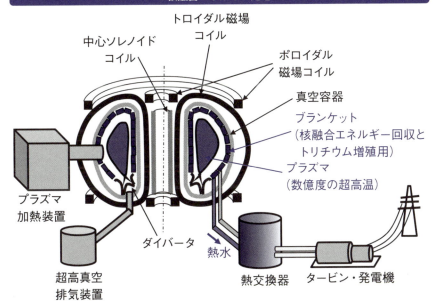

核融合による電気・水素システム

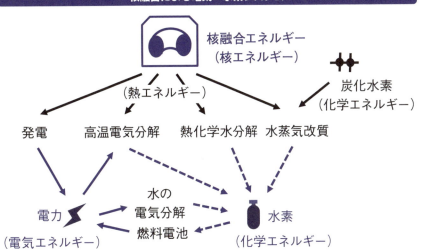

COLUMN 9

映画の中のエネルギー（9）

核融合で宇宙を飛び回る？
－映画『2001年宇宙の旅』（1968年）－

　SF映画では、核融合エンジンを利用したさまざまな自動車や宇宙船が登場します。

　映画『バック・トゥ・ザ・フューチャー』のパート2（1989年、米国）ではタイムマシン・デロリアンが登場しますが、Mr.Fusionと記された核融合エンジンが搭載されています。映画『スタートレック（1979年、米国）』のUSSエンタープライズ号も核融合エンジンの宇宙船です。

　核融合宇宙船の古典的SF名画は、アーサー・C・クラーク原作、スタンリー・キューブリック監督の『2001年宇宙の旅』です。この映画は1968年に上映されていますが、10年前の1957年10月に人類初の人工衛星「スプートニク1号」（旧ソ連）の打ち上げに成功し、1961年4月にはガガーリンによる史上初の有人宇宙飛行が成功しています。映画封切の翌年1969年にはアポロ11号による人類初の月面着陸に成功した時代の映画です。

　映画はR.シュトラウスの交響詩「ツァラトゥストラはかく語りき」の音楽とともに始まります。はるか400万年前、人類の祖先であるヒトザルと巨大な黒いモノリスとの出会い。そして、2001年、人類は月に基地や植民地をもち、宇宙ステーションを中継地に、地球と月の間を定期旅客宇宙船が通うまでに進化していました。ボーマン船長率いる核融合宇宙船ディスカバリー号は地球から約8億キロ離れた、太陽系最大の惑星である木星への調査のために旅立ちます。人工知能をもつスーパー・コンピュータ「HAL（ハル）9000」の人間への反逆も映画の主題の1つです。プラズマ・核融合ロケットの夢は、火星や木星への有人飛行において実現されていくでしょう。さらに、核融合を超える反物質ロケットへのかぎりない夢にも期待したいものです。

核融合宇宙船
ディスカバリー号

『2001年宇宙の旅』

原題：2001：A Space Odyssey
原作：アーサー・C・クラーク（1895年）
製作：1968年　英国、米国
監督：スタンリー・キューブリック
主演：キア・デュリア
配給：メトロ・ゴールドウィン・メイヤー

第10章

＜未来編＞
エネルギーの未来展望

エネルギーと環境との未来を考えましょう。核融合発電と宇宙太陽光発電を1次エネルギーとして、電気と水素を活用する社会が考えられます。宇宙は膨大なエネルギーのビッグバンから始まり、さまざまな物質が生成されました。宇宙は、私たちのいまだ知らないエネルギーに満ちあふれています。

10-1 ＜未来編＞

地球・宇宙環境とエネルギーの未来（核融合と宇宙太陽光）

人類が遠未来まで生きていくためには、クリーンな環境と豊富なエネルギーが必要です。太古の昔から、太陽のエネルギーにより地球上の生物が生き続けることができています。

▶▶ 持続可能エネルギーのサイクル

未来の1次エネルギー源として、再生可能エネルギーに期待が集まっています。核エネルギーも温室効果ガスのほとんど排出しない1次エネルギー源として期待が集まっています。2次エネルギーとしては使用時にクリーンな電気と水素が用いられ、最終のエネルギー消費に利用されます。利用に際しては温室効果ガスや放射性廃棄物などが排出される場合がありますが、持続可能エネルギーとしては、これらの廃棄物を保管して再利用する必要があります（**上図**）。

▶▶ 未来のエネルギー源

未来のクリーンで無尽蔵なエネルギー源として、自然エネルギーとしての太陽光の利用があります。遠い未来を俯瞰したとき、太陽光発電だけではエネルギー問題は解決しそうにありません。太陽光の届かない月の裏面での作業や太陽系から遠く離れた宇宙でのエネルギー源として、核エネルギーも必要となります。太陽光・水力・風力などの再生可能なエネルギーのほとんどのエネルギー源は、さかのぼれば太陽での核融合エネルギーです。

宇宙での自然の太陽の利用としての**宇宙太陽光発電**と同時に、地上での人工のミニ太陽としての**核融合発電**の実現が期待されています。核融合や宇宙太陽光でも、発電のほかに水素製造も可能であり、電気や水素の2次エネルギーの活用が夢見られています（**下図**）。電気と水素は、水の電気分解や燃料電池により相互に交換可能です。この2次エネルギーを使って、運輸・工場や家庭の最終の消費エネルギーをまかなうことが可能となります。エネルギー問題、環境問題には長期的視点が大切です。「人工太陽」や「宇宙太陽」などの新しい科学技術開発により、地球環境や宇宙環境での輝かしい未来の到来に期待したいと思います。

10-1 地球・宇宙環境とエネルギーの未来（核融合と宇宙太陽光）

持続可能エネルギーの利用

1次エネルギー
　再生可能エネルギー
　核エネルギー

2次エネルギー
　電気エネルギー
　水素エネルギー

最終エネルギー
　クリーンなエネルギー消費

廃棄物
　保管
　再利用
　（温室効果ガス、
　　放射性廃棄物など）

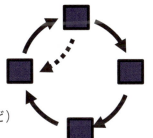

未来のエネルギーシステム

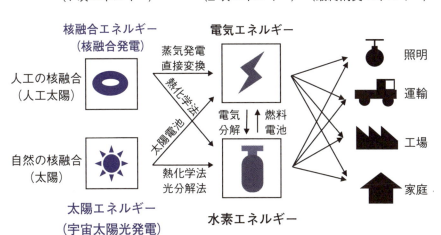

（1次エネルギー）　　（2次エネルギー）　（最終消費エネルギー）

核融合エネルギー（核融合発電）
人工の核融合（人工太陽）

自然の核融合（太陽）
太陽エネルギー（宇宙太陽光発電）

電気エネルギー
水素エネルギー

蒸気発電　直接変換　熱化学法　太陽電池　熱化学法　光分解法

電気分解 ⇌ 燃料電池

照明　運輸　工場　家庭

未来のエネルギーは、1次エネルギーは核融合と宇宙太陽光から
2次エネルギーは電気と水素から

第10章　エネルギーの未来展望

10-2 ＜未来編＞

未来の宇宙ロケット（ソーラーと対消滅）

遠未来に人類が宇宙へと飛び立つのは歴史の必然と思われます。そのための宇宙船として、ソーラーセイルや磁気プラズマセイル、さらに反物質による対消滅ロケットが夢見られています。

▶▶ ソーラーセイルと磁気プラズマセイルで宇宙航行

　風の力による洋上のヨットのように、光の圧力によるソーラーセイル（太陽光帆船）が計画されています。太陽からは光（光子）と高エネルギー粒子（太陽風）とが放出されていますが、太陽風は希薄で推進力としては微小です。

　宇宙空間で帆に光が当たれば、わずかながら推力を得ることができますが、巨大で超軽量な帆を作り広げる必要があります。JAXA（宇宙航空研究開発機構）による小型ソーラー電力セイル実証機IKAROSが2010年に打ち上げられ、その可能性が実証されました。走行の方向は帆の向きで制御できますが、洋上のヨットと異なり、流体力学的な揚力を期待することはできません。希薄な太陽風や恒星風を利用する場合には、超伝導コイルで作った磁場の帆（磁気セイル）にプラズマを噴射することで帆を大きくして磁気プラズマセイルをつくることも可能です。

▶▶ 対消滅反応と反物質ロケット

　遠未来では、新天地としての宇宙環境の活用の可能性が検討されています。火星に人類を送るのは2030年までにと計画されていますが、航行中の放射線被ばく、火星での酸素と気温など課題は山積みです。

　質量とエネルギーの等価の式に従えば、化学反応では燃料の100億分の1（10^{-10}）の質量がエネルギーに変換され、核反応では0.1%（10^{-3}）です。それらを超える莫大なエネルギー生成が素粒子反応で可能となります。物質と反物質との対消滅反応により、100%近くの質量をガンマ線のエネルギーに変換することが可能となります（下図）。反物質1ミリグラムは、液体酸素と液体水素の化学ロケットの燃料の1トン分に相当する推進力を発生させることができます。反物質を効率よく制御できれば、人類は火、電気、原子力（核融合）につぐ第4の火「素粒子（ハドロン）の火」を手にすることができると考えられます。

10-2 未来の宇宙ロケット（ソーラーと対消滅）

ソーラーセイル（太陽帆）

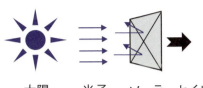

太陽　光子　ソーラーセイル

太陽光の影響を受けない

太陽や恒星からの光の圧力で航行。
地球や宇宙ステーションから
発射されたレーザー光の圧力を
利用する方式も構想されている

JAXAのソーラー電力セイルIKAROS
による実証実験（2010年）

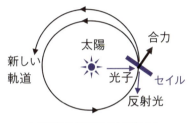

太陽光の影響で加速され
新しい軌道にシフトする

対消滅反応と反物質ロケット

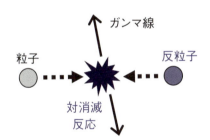

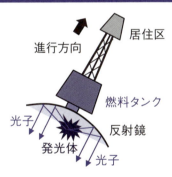

たとえば、粒子、反粒子それぞれ1gずつ、
合計2gの粒子、反粒子を消滅させると、
約180兆ジュールのエネルギーが放出される。これは、広島市に投下された原子爆弾の2.4倍のエネルギーに相当する

ほんの1グラム分の対消滅が生みだすエネルギーが、ガソリン換算でドラム缶約1万3000本分にも相当する

物質・反物質の
対消滅エネルギーを利用する
反物質エンジンロケット

10-3

\<未来編\>

エネルギーからの物質生成
（宇宙の誕生）

星は元素製造マシンです。宇宙の起源としてのビッグバンの初期に、クォークから陽子や中性子が創られ、水素、ヘリウムなどの元素が核融合反応で生成されました。星の内部では、さまざまな元素が製造されてきました。

▶▶ 無からの宇宙誕生

宇宙の誕生から現在までの宇宙の膨張とエネルギーについて考えてみましょう。宇宙は量子ゆらぎから多重発生した1つの宇宙として誕生したとの理論があります。その後、瞬間的な**インフレーション**（指数関数的な急膨張）が起こり、この急膨張にともなう放射エネルギーにより熱いビッグバン（大爆発）が始まります（**上図**）。その後、しばらくは光が直進できない暗黒時代が続き、宇宙誕生から38万年後に、ようやく宇宙の晴れ上がりとなります。現在観測されている**宇宙マイクロ波背景放射**（CMBR）はこのときの放射であり、観測結果にはこのときの時空のゆらぎにより生成された原始重力波の痕跡も残っています。

▶▶ 宇宙の膨張

私たちの宇宙は、宇宙の晴れ上がり以降も膨張を続けています。宇宙は地球からの距離に比例した速度で膨張しています（ハッブルの法則）。したがって、はるか彼方では膨張速度が光の速度を超えることになります。宇宙の膨張とは空間そのものが光速以上で膨張している現象であり、情報が光速以上で空間を伝わるわけではなく、相対性理論と矛盾しません。

現在の宇宙の年齢は138億年です。宇宙生成時からの円錐状の光の軌跡を**宇宙図**（**下図**）に描くことができます。任意の時空からの光が、現在の私たちの地球に届くわけではありません。宇宙図の中のしずく状の空間の表面からの光のみが、届いています。例として、100億年前の天体からの光を見てみましょう。天体からの光はしずく状の面の軌跡を通って地球に到達します。宇宙空間自体は光のおよそ3倍の速度で膨張し続けていて、現在の観測可能な宇宙（可視宇宙）の直径は930億光年と考えられています。

10-3 エネルギーからの物質生成（宇宙の誕生）

宇宙誕生とインフレーション

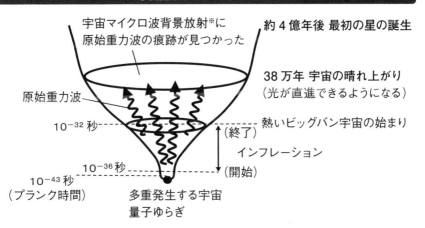

宇宙誕生のエネルギーから、物質が作られた

※**宇宙マイクロ波背景放射**（CMBR：Cosmic Microwave Background Radiation）
初期宇宙からの光子が、宇宙膨張とともに温度を下げ、マイクロ波領域にピークをもつようになった放射。1946年にガモフにより理論的に予言され、1965年に米国ベル研究所のペンジアスとウィルソンにより偶然発見された

宇宙空間の膨張（宇宙図）

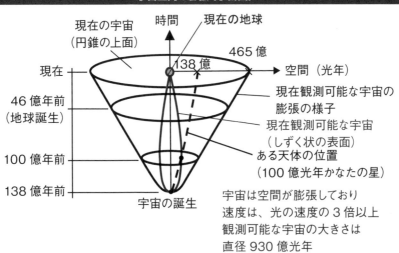

宇宙は空間が膨張しており
速度は、光の速度の3倍以上
観測可能な宇宙の大きさは
直径930億光年

第10章 エネルギーの未来展望

10-4 ＜未来編＞

未知の宇宙エネルギーと宇宙の膨張（宇宙の未来）

エネルギーから物質が生成されますが、宇宙には未知のエネルギーや未知の物質があふれています。それらの解明により宇宙の誕生や終末が解明されるとともに、エネルギー源として利用可能となる可能性もあります。

▶▶ ダークマターとダークエネルギー

通常の物質は電子と原子核から構成されており、光や電磁波の放射や吸収が行われます。質量をもったこの物質はバリオン物質と呼ばれており、宇宙の星や銀河はこの光や電磁波で観測することができます。一方、宇宙には、万有引力が働くものの電磁波を放射しない物質があります。これを**暗黒物質（ダークマター）**と呼びます。現在までの観測結果では、宇宙のバリオン物質は5％で、暗黒物質はそのおよそ5倍の27％、そして、残りのおよそ4分の3に相当する68％が宇宙膨張の加速に関連する**暗黒エネルギー（ダークエネルギー）**です。

ダークエネルギーは宇宙全体に広がっている「反発する重力」と考えられており、正体不明のエネルギーです。

▶▶ 宇宙の加速膨張

私たちの宇宙は真空の量子ゆらぎから始まり、急激なインフレーションとビッグバンのあとに減速し、宇宙の大きさが現在の3分の2ほどで減速から加速に変化し、今なお加速膨張が続いています（**下図**）。引力だけでは一様減速で、最終的に膨張が止まり、収縮に転じると考えられます。現在の宇宙の**加速膨張**を理解するには、反重力（重力斥力）が必要になります。これを**暗黒エネルギー（ダークエネルギー）**といいます。アインシュタインの一般相対性理論の宇宙方程式からは、膨張力はでてきません。定常的な宇宙を考えるために、特殊な**宇宙定数**が導入されました。もう1つは未知の素粒子を考えることです。現代物理学での4つの力以外の**第5の力**として、ラテン語で「純粋な第5物質」の意味で**クインテッセンス**と名づけられており、未知の素粒子であると想定されています。宇宙のエネルギーと物質の解明は、終わりのない奥深い研究課題です。

10-4 未知の宇宙エネルギーと宇宙の膨張（宇宙の未来）

ダークマターとダークエネルギー

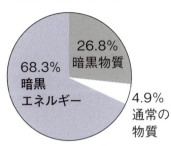

通常の物質
　陽子、中性子から
　なるバリオン（重粒子）物質

暗黒物質
　電磁相互作用がないが
　万有引力作用がある物質

暗黒エネルギー
　宇宙膨張の斥力（負の重力）エネルギー

数字は欧州宇宙機関の2013年のプランク衛星の観測データによる

暗黒物質（ダークマター）

重力相互作用があるが、ほかの作用がほとんどない物質であり、候補として、天体物理学からのMACHO（質量をもつコンパクトなハロー天体、意味は「男性的」）や、素粒子物理学からのWIMP（相互作用をほとんど起こさない重い質量の粒子、意味は「弱虫」）などが検討されている

宇宙の加速膨張

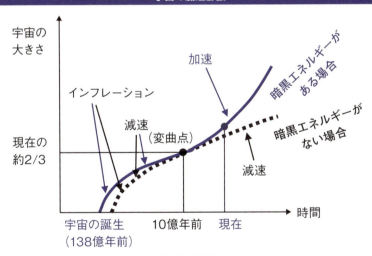

暗黒エネルギー（ダークエネルギー）

宇宙全体に分布し、宇宙の拡張を加速していると考えられる仮想エネルギーであり、一般相対性理論のアインシュタイン方程式の宇宙項に相当する。また、素粒子物理学での第5の力に関する粒子としてのクインテッセンスを意味する

COLUMN 10

映画の中のエネルギー（10）

タイムマシンで未来を見る？
－映画『タイムマシン』（1959年、2002年）－

　タイムトラベル（時間旅行）は、多くのSF小説や映画のテーマとして扱われてきました。もっとも有名なのは、1895年のイギリスのH・G・ウェルズによる小説『タイムマシン』です。アインシュタインの相対性理論の発表の10年前であり、時間旅行の乗り物を構想した斬新な小説でした。

　映画化は1959年になされ、2002年にリメイク版が作成されています。リメイク版では、舞台をロンドンから1890年代のニューヨークに変え、大学教授アレクサンダーが、最愛の恋人エマを生き返らすために、4年の歳月を費やしてタイムマシンを完成させ、過去に戻る設定です。しかし、なぜかエマは別の事故に巻き込まれて死亡してしまい、過去を変えることができません。その答えを探しに未来に飛び立つことになります。2030年には人類は月に移住しており、月面の大規模破壊の影響で地球の破壊も招いてしまいます。80万年後の地球では地球が高温化しており、3000万年後の地球では生命体の痕跡はなく、海洋は干上がってしまっています。実際には、28億年後に海は干上がるであろうと考えられています。映画では、年月日をセットして高速回転のエネルギー（!?）で時間旅行できる乗り物装置が想定されています。

　時間旅行するためには、特殊相対性理論での膨大な運動エネルギーの利用や、一般相対性理論でのワームホールの利用も夢見られています。理論上は時間の進みを遅らせ、未来に旅することができますが、過去に戻ることはタイムパラドックス（ホーキング博士の時間順序保護仮説）から困難であると考えられています。

回転装置による
タイムトラベル

『タイムマシン』
原題：The Time Machine
原作：H.G.ウェルズ（1895年）
製作：2002年　米国（リメイク版）
監督：サイモン・ウェルズ
主演：ガイ・ピアース
配給：ワーナー・ブラザース

索 引
INDEX

英数字

1次エネルギー	14、18
2次エネルギー	14、18
3Eトリレンマ	28
AM	112
ATP	122、144
BECCS	40
BESS	132
CAES	48
CDR	38
COE	34
DAC	40
FWES	48
GHG	28、38
IH調理器	96
IoH	154
ITER	174
LCA	34
LEDランプ	98
MDGs	16
MHD発電	168
PPチェイン反応	116
PV	120
SD	20
SDGs	16
SMES	88
SRM	38

あ

アクセプター準位	118
圧縮空気エネルギー貯蔵	48
圧電素子	50
アデノシン三リン酸	144
アネルギー	30
アモルファスシリコン	118
アルカリ型燃料電池	136
アレイ	120
暗黒エネルギー	184
暗黒物質	184
アンドロイド	154
異化	144
異化作用	122
異化代謝	134
位置エネルギー	46
インバータ	120
インプラントデバイス	154
インフレーション	182
宇宙図	182
宇宙太陽光発電	178
宇宙定数	184
宇宙マイクロ波背景放射	182
エクセルギー	30
エネファーム	136
エネルギー	10
エネルギー代謝	144
エネルギーハーベスト	20
エネルギー保存則	10
エレクトロン	84
炎色反応	134
エンタルピー	30、32
エントロピー	22、32
オットーサイクル	138
温室効果ガス	28、38
温度	64

か

カーボンインテンシティ	36
カーボンニュートラル	38
海流発電	56
化学エネルギー	14
化学電池	90
化学ポテンシャル	130

187

核	116	再生可能性	16
核エネルギー	14	サイボーグ	154
核分裂反応	160、166	色素増感型	118
核融合発電	178	磁気プラズマセイル	180
核融合反応	160、166	示強変数	64
化合物系太陽電池	118	仕事	10、12
加速膨張	184	自然エネルギー	16
カルノー効率	68	持続可能な開発	20
カルノーサイクル	68、138	持続可能な開発目標	16
カロリー	24	示量変数	64
カロリック	62、130	人工光合成	126
環境発電	20、58	心電計	148
慣性モーメント	46	スターリングサイクル	138
気体分子運動論	62	スピーカー	100
ギブズエネルギー	130	スマートゴミ箱	124
基本単位	12	スマートマウス	124
吸収線量	170	制御熱核融合反応	162
キロワット時	24	生体エネルギー	144
クインテッセンス	184	静電直接発電	168
蛍光灯	98	生物	144
系統連系型	120	生物電池	90
原子力電池	170	ゼーベック係数	70
高圧ナトリウムランプ	98	ゼーベック効果	70
高輝度放電ランプ	98	セラミックヒーター	78
光合成	122、126、144, 146	ソーラー腕時計	124
光子	110	ソーラーセイル	180
光子ロケット	114	ソーラー電卓	124
光波	110		
剛体	46	**た**	
興奮性細胞	148	ダークエネルギー	184
呼吸	144	ダークマター	184
国際熱核融合実験炉	174	第1種永久機関	30
黒体輻射	112	第2種永久機関	30
固体高分子型	136	第5の力	184
固体電解質型	136	代謝	144
ゴミ発電	16	太陽電池	120
コンバインドサイクル	140	太陽熱発電	74
		対流層	116
さ		脱炭素エネルギー	14
最終エネルギー	18	チェレンコフ放射	114
再生可能エネルギー	14、16	蓄光	114

蓄熱 ……………………… 66	熱の仕事当量 ………………… 64
地熱発電 ………………… 76	熱容量 …………………………… 64
超伝導磁気エネルギー貯蔵 ……… 88	熱力学第二法則 ……………… 32
潮力発電 ………………… 56	燃料電池 ……………………… 136
対消滅反応 ……………… 166、180	燃料電池車 …………………… 106
対生成反応 ……………… 166	脳波計 ………………………… 148
強い力 …………………… 14	
ディーゼルサイクル ………… 138	**は**
電気エネルギー ……………… 14	バイオマス …………………… 150
電気自動車 ………………… 106	バイオルミネセンス ………… 114
電気分極 …………………… 50	バイナリ方式 ………………… 76
電磁結合発電 ……………… 168	白熱電球 ……………………… 98
電磁推進船 ………………… 102	発酵 …………………………… 144
電磁波 …………………… 104	発電機 ………………………… 58
電磁飛翔体加速装置 ………… 102	発電単価 ……………………… 34
電子ボルト ………………… 24	波力発電 ……………………… 56
電磁誘導 …………………… 50	パワーコンディショナー …… 120
電磁誘導の法則 ………… 50、92	万有引力 ……………………… 14
電磁力 …………………… 14	ヒートポンプ ………………… 78
電熱器 …………………… 96	光エネルギー ………………… 14
電波 ……………………… 104	光核反応 ……………………… 162
同化 ……………………… 144	光ルミネセンス ……………… 114
同化作用 …………………… 122	微結晶シリコン ……………… 118
等価線量 …………………… 170	比出力 ………………………… 54
同期モータ ………………… 92	微生物燃料電池 ……………… 150
特殊相対性理論 ……………… 44	微生物発電菌 ………………… 150
独立型 …………………… 120	比熱 …………………………… 64
ドナー準位 ………………… 118	ヒューマノイド ……………… 154
トリチウム ………………… 164	フェルマーの原理 …………… 110
	フェルミ準位 ………………… 118
な	物理電池 ……………………… 90
波と粒子の2重性 …………… 112	フライホイールエネルギー貯蔵 …… 48
二次電池電力貯蔵システム ……… 132	プラグインハイブリッド車 …… 106
ニュートン ……………… 24、110	フラッシュ方式 ……………… 76
尿素燃料電池 ……………… 152	フランクの放射公式 ………… 112
ネガティブミッション ……… 40	フルーツ発電 ………………… 152
熱 ………………………… 64	プルトニウム ………………… 164
熱運動 …………………… 64	ブレイトンサイクル ………… 138
熱エネルギー ………………… 14	フレミングの左手の法則 …… 92
熱機関 …………………… 68	フレミングの右手の法則 …… 92
熱水発電 …………………… 76	フロギストン ……………… 62、130

ヘスの法則 ················· 72、130	リニアモータ ······················ 94
ベッツの理論限界則 ·················· 54	粒子ビーム衝突反応 ················ 162
ベルヌーイの定理 ···················· 46	量子ドット太陽電池 ················ 118
ヘルムホルツエネルギー ············ 130	リン酸型燃料電池 ··················· 136
ペロブスカイト型 ··················· 118	レールガン方式 ····················· 102
ペロブスカイト構造 ·················· 50	ローレンツ力 ························ 86
放射強制力 ·························· 28	
放射性同位体熱電気転換器 ·········· 170	
放射性物質 ························· 170	
放射線 ····························· 170	
放射層 ····························· 116	
放射能 ····························· 170	
ポテンシャルエネルギー ·············· 46	
ボルタの電池 ······················ 150	

ま

マイクロ波送電 ······················ 126
マイクロフォン ······················ 100
マグネシア ·························· 84
ミオシン ··························· 148
メタネーション反応 ·················· 72
モジュール ························· 120

や

有機半導体型 ······················· 118
誘導起電力 ·························· 50
誘導単位 ··························· 12
誘導電力 ··························· 50
誘導モータ ························· 92
床振動発電 ·························· 58
洋上風力発電 ······················· 54
揚水発電 ··························· 48
陽電子 ····························· 116
溶融炭酸塩型 ······················· 136
弱い力 ····························· 14

ら

ライフサイクルアセスメント ·········· 34
ランキンサイクル ··················· 138
力学エネルギー ····················· 14
理想気体 ··························· 62

参考文献

『エネルギーと環境の科学』　山﨑耕造　著　共立出版（2011 年）

『楽しみながら学ぶ物理入門』　山﨑耕造　著　共立出版（2015 年）

『トコトンやさしい電気の本（第 2 版）』　山﨑耕造　著　日刊工業新聞社（2018 年）

『トコトンやさしい相対性理論の本』　山﨑耕造　著　日刊工業新聞社（2020 年）

『トコトンやさしい環境発電の本』　山﨑耕造　著　日刊工業新聞社（2021 年）

『カーボンニュートラル〜図で考える SDGs 時代の脱炭素化』　山﨑耕造　著　技報堂出版
（2022 年）

『トコトンやさしいエネルギーの本（第 3 版）』　山﨑耕造　著　日刊工業新聞社（2023 年）

『図解入門よくわかる最新　電磁気の基本と仕組み』　山﨑耕造　著　秀和システム
（2023 年）

著者紹介

山﨑 耕造（やまざき こうぞう）

名古屋大学名誉教授、自然科学研究機構核融合科学研究所名誉教授、総合研究大学院大学名誉教授。
1949年富山県生まれ。東京大学工学部卒業、東京大学大学院工学系研究科博士課程修了、工学博士。米国プリンストン大学客員研究員、名古屋大学プラズマ研究所助教授、核融合科学研究所教授、名古屋大学大学院工学研究科教授などを歴任。
おもな著書は、『図解入門よくわかる最新 核融合の基本と仕組み』『図解入門よくわかる最新 電磁気学の基本と仕組み』（弊社）、『トコトンやさしい環境発電の本』『トコトンやさしいエネルギーの本 第3版』（日刊工業新聞社）、『カーボンニュートラル』（技報堂出版）など。

●制作協力：箭内祐士
●校正：小宮紳一

図解入門よくわかる最新
エネルギー変換の基本と仕組み

発行日	2025年 2月10日　第1版第1刷
著　者	山﨑　耕造

発行者　斉藤　和邦
発行所　株式会社　秀和システム
　　　　〒135-0016
　　　　東京都江東区東陽2-4-2　新宮ビル2F
　　　　Tel 03-6264-3105（販売）Fax 03-6264-3094
印刷所　三松堂印刷株式会社　　Printed in Japan

ISBN978-4-7980-7351-4 C0042

定価はカバーに表示してあります。
乱丁本・落丁本はお取りかえいたします。
本書に関するご質問については、ご質問の内容と住所、氏名、電話番号を明記のうえ、当社編集部宛FAXまたは書面にてお送りください。お電話によるご質問は受け付けておりませんのであらかじめご了承ください。